Helmut Schlegel

Spiritual Coaching

Führen und Begleiten
auf der Basis geistlicher Grundwerte

Helmut Schlegel

Spiritual Coaching

Führen und Begleiten
auf der Basis geistlicher Grundwerte

echter

Bibliografische Information der Deutschen Bibliothek
Die Deutsche Bibliothek verzeichnet diese Publikation in der Deutschen Nationalbibliografie; detaillierte bibliografische Daten sind im Internet über <http://dnb.ddb.de> abrufbar.

2. Auflage 2009

www.echter-verlag.de
Umschlag: Werbeagentur Obst, Würzburg
Satz: Hain-Team, Bad Zwischenahn
Druck und Bindung: fgb · freiburger graphische betriebe
ISBN 978-3-429-02923-4

Inhalt

Vorwort 7

Eine Geschichte zum Einstieg:
Der Alte und der Junge –
oder die Kunst eines kontemplativen Lebens 9

Tugenden – Grundwasser der Seele 26

Trainingsplatz und Spielfeld –
Auszeit und Alltag 31

Anleitung für die Praxis 33

Von Achtsamkeit bis Zuversicht –
Zwölf geistliche Grundwerte für Führungskräfte
und andere 37

- Achtsamkeit 39
- Beharrlichkeit 51
- Echtheit 65
- Gerechtigkeit 77
- Gottvertrauen 91
- Klugheit 105
- Lebensfreude 115
- Liebe 133
- Maßhalten 147
- Mut 161
- Selbstvertrauen 173
- Zuversicht 187

Das Schönste an der Wüste sind die Oasen
Zur Gestaltung eines Auszeittages
für Führungskräfte 202

Vorwort

Coaching ist gewiss ein Modewort, aber was dahintersteckt, ist eine uralte Weisheit: Wir können anderen Menschen helfen, nicht nur gut zu sein, sondern noch besser zu werden – in ihrem Privatleben, ihrer sozialen Einbindung und ihrer Arbeit. Wir können es (nur), weil sie selbst ungeahnte Potentiale haben und weil unsere Hilfe nicht mehr und nicht weniger bedeutet, als diese Potentiale zu aktivieren. Coaching ist also nichts anderes als Hilfe zur Selbsthilfe. Dabei wissen wir seit langem, dass Menschen dann beruflich gut sind, wenn sie sich als Menschen in allen Dimensionen ihres Daseins entfalten können. Demnach tangiert Coaching unsere Persönlichkeit, unsere Beziehungen, unsere Arbeit und nicht zuletzt auch unsere Gottbezogenheit.

Spiritual Coaching will Menschen in Leitungspositionen, ganz gleich, ob sie nun einer Hausgemeinschaft vorstehen, ein Unternehmen führen, in einem Aufsichtsrat sitzen oder Direktor einer Schule sind, helfen, ihre spirituelle Kompetenz zu nutzen und daraus Kräfte für ihren Alltag zu schöpfen. Wenn sie sich ihrer Grundwerte besinnen, wenn sie im Bewusstsein stehen, als geschaffene Menschen ihrem Schöpfer alles – ihre Gesundheit, ihre Talente, ihre Lebensenergie, ihre Ideen und vieles mehr – zu verdanken, wenn sie Verantwortung als ein dialogisches Geschehen verstehen – das ist ein Gefragtsein und Antwortgeben, ein Hören und Handeln –, dann wird die spirituelle Dimension ihr Leben und Arbeiten weiten und bereichern. Dazu will dieses Buch beitragen. Es will Hilfe zur Selbsthilfe sein – ein geistlicher Beitrag zur Verbesserung der Leitungskompetenz.

Danken möchte ich den Menschen, die mir auf meinem persönlichen Lebens-, Glaubens- und Berufsweg geholfen haben, die Gegenwart Gottes und die spirituelle Dimension meines Lebens zu erfahren. Danken will ich insbesondere den Brüdern sowie den Mitarbeiterinnen und Mitarbeitern der Thüringischen Franziskanerprovinz, in deren Mitte ich als Provinzial über neun Jahre hinweg meine Leitungskompetenz einbringen, ausüben und verbessern durfte. Die Verknüpfung von nüchternem Alltagsgeschäft und geistlicher Herausforderung war das lebendige Spannungsfeld, in dem dieses Buch entstanden ist.

Danken möchte ich Frau Dorothea Frank, evangelische Pfarrerin in Bad Schönborn, die die Bedenktexte zu den zwölf Übungseinheiten beigesteuert hat.

Eine Geschichte zum Einstieg

Der Alte und der Junge oder
die Kunst eines kontemplativen Lebens

Der Alte, wie ihn seine erwachsenen Kinder nannten, und das keineswegs respektlos, sondern mit einer augenzwinkernden Bewunderung, lebte in der Nähe eines kleinen Dorfes auf einem alten Bauernhof. Er war wirklich alt und sein sonnengebräuntes Gesicht war von vielen Falten zerfurcht. Seine Tochter und seine beiden Söhne besuchten ihn manchmal, und wenn man sie fragte, wie es ihrem Vater gehe, dann sagten sie, er werde mit dem Alter etwas wunderlich, aber er sei mit sich und der Welt zufrieden.

In früheren Jahren war der Alte ein erfolgreicher Geschäftsmann gewesen. Seine berufliche Kompetenz und sein sicheres Auftreten hatten ihn in die Chefetagen des Unternehmens aufsteigen lassen. Mit den Jahren war ihm immer mehr Verantwortung übertragen worden. Seine Stellung hatte sein Selbstbewusstsein und sein gesellschaftliches Ansehen gestärkt, doch dann hatte ihm seine Frau eröffnet, sie werde sich scheiden lassen. Eine Entscheidung, die ihn so unerwartet und tief getroffen hatte, dass er seinen Job aufgab und sich in die ländliche Einsamkeit zurückzog.

Eines Tages fuhr ein grüner Jaguar vor. Der Juniorchef seines ehemaligen Unternehmens stieg aus und stand hilflos wie ein Kind vor ihm. „Ich brauche dich", sagte er mit zitternder Stimme, „ich kann so nicht weiterleben. Du weißt, was ich meine." Der Alte schaute ihn lange an, dann umarmte er ihn und sagte: „Wenn du willst, kannst du eine Woche bei mir bleiben. Meine Ratschläge helfen dir wenig, aber vielleicht tut dir die Stille gut. Willst du?" Der Junge nickte, holte ein paar Sachen aus dem Auto und ließ sich in ein bescheidenes Zimmer führen.

Nach dem Mittagessen gingen die beiden aufs Feld, das hinter dem Hof lag. Es war die Zeit der Kartoffelernte. Mit einer Hacke zog der Alte die Knollen sorgfältig aus dem Boden und der Junge las sie in den Korb. Sie schwiegen den ganzen Nachmittag. Beim Abendbrot erzählte der Junge seine Geschichte und der Alte hörte ihm zu. „Es ist Zeit", sagte er dann, „wenn du willst, kannst du mit mir in ‚meine Kirche' kommen." Die Worte „meine Kirche" unterstrich er mit einem spitzbübischen Lächeln. Es war denn auch nur ein kleiner und fast schmuckloser Raum. Der Blick wurde in eine Ecke des Raumes gezogen, wo vor einer Öllampe die aufgeschlagene Bibel lag, darüber ein schlichtes Kreuz aus zwei knorrigen Ästen. Der Alte entzündete die Lampe und setzte sich. „Ich lade dich ein", sagte er, „eine halbe Stunde lang zu schweigen." Der Junge nickte und setzte sich ebenfalls. Aber schon nach einigen Minuten wurde ihm die Stille fast unerträglich, seine Beine schmerzten und in seinem Kopf flatterten Gedankenfetzen wie aufgescheuchte Vögel.

Als die Glocke vom nahen Kirchturm schlug, verneigte sich der Alte und erhob sich. Er stellte dem Jungen eine Flasche Wasser auf das Zimmer, zeigte ihm noch, wo er sich am Morgen waschen könne, und wünschte ihm eine gute Nacht. Müde von den vergangenen, meist schlaflosen Nächten und von der Arbeit auf dem Feld konnte der Junge bald einschlafen.

Der erste Tag: Kartoffeln und Kaffeetassen

Ein Hahn weckte ihn am Morgen. Als er sich besann, wo er war, fiel ihm als Erstes die „Kirche“ ein und was er am Abend zuvor dort erlebt hatte. Es war seltsam, dachte er sich, ich kann es eigentlich gar nicht in Worte fassen. Ich spürte nur … Nein, er wusste nicht, was er gespürt hatte. Nach dem Frühstück, das sie schweigend einnahmen, fasste er sich ein Herz und fragte den Alten: „Ist das Meditieren, was du am Abend in deiner Kirche tust?“ – „Nenne es Meditieren oder Schweigen oder Gebet“, sagte der Alte, „es ist für mich das Schönste am Tag.“ Und nach einer Weile fügte er hinzu: „Aber auch das Schwerste.“ Damit ließ er den Jungen allein und holte Wasser vom Brunnen, um das Geschirr abzuwaschen.

„Kannst du mich die Kunst der Meditation lehren?“, fragte der Junge, als er am Spülbecken stand und die Tassen und Teller abtrocknete. „Du hast bereits begonnen“, lächelte der Alte und zeigte auf sein Geschirrtuch. „Wie ging es dir gestern beim Kartoffelsammeln?“, fragte er. „Oh, ich spürte schon nach einer halben Stunde meinen Rücken, ich bin solche Arbeit nicht mehr gewohnt. Dann merkte ich, dass du mir voraus bist. Ich musste mich konzentrieren, die Erdkruste von den Kartoffeln reiben und sie sorgfältig in den Korb legen. Es war anstrengend, aber es tat mir gut. Ich vergaß für eine Zeitlang meine Gedanken.“ – „Und wie geht es dir jetzt?“, fragte der Alte. „Weißt du, ich habe seit meiner Kindheit nicht mehr abgetrocknet. Ich muss achtgeben, dass ich die Kaffeetassen nicht fallen lasse.“ „Siehst du“, sagte der Alte, „das ist es: achtgeben und die Dinge sorgfältig in die Hand nehmen – so beginnt der Weg der

Meditation. Wir werden heute miteinander arbeiten, aber wir werden mehr tun als nur arbeiten. Wir werden die Achtsamkeit üben. Wir werden den Weg unter unseren Füßen spüren, den Duft des Holzes in die Nase steigen lassen, das Scheit in den Händen fühlen, das Wasser sorgsam in den Kessel füllen. Weißt du, was ich meine?“ Der Junge lächelte verständnisvoll. Es wurde ein guter Tag, wenn auch die Gedanken immer wieder in seinem Kopf tobten. Und die Meditation gelang ihm auch an diesem Abend nur mangelhaft.

Der zweite Tag: Der Weg bis zum Dorf

Was werden wir heute wohl üben, dachte der Junge, als er am nächsten Morgen aufwachte. Der Alte war bereits in aller Frühe aufgestanden. Auch am Morgen meditierte er, meinte aber, das sei zu viel für einen Anfänger. Sie trafen sich wieder zum Frühstück und sie schwiegen. Der Alte holte Wasser vom Brunnen und setzte den Kessel auf den Herd. „Was üben wir heute?“, fragte der Junge. „Nichts Neues“, sagte der Alte, „aber wir machen eine Pause.“ – „Eine Pause wofür?“ – „Für nichts.“ – „Aber ich bin doch nicht für nichts hier.“ – „Wofür bist du hier?“ – „Ich will mein Leben ändern, ich will …“ – „Das ist es doch! Dein Leben ist wie ein Haus, das in allen Räumen zugestellt ist mit Möbeln und Geräten. Du stolperst über deine eigenen Sachen. Du musst ausräumen, musst dein Leben entrümpeln.“ – „Und wie mache ich das?“ – „Lerne das Nichtstun!“ – „O weh! Auf was habe ich mich da eingelassen!“ – Der Alte lachte laut, dann aber wurde er ernst: „Du darfst es nicht so weit kommen lassen, wie es bei mir kam.“ Tränen stiegen in seine Augen.

Schließlich nahm er den Kessel vom Herd, goss das heiße Wasser ins Spülbecken und sagte: „Wir machen alles wie gestern. Aber in der Mittagszeit, während ich das Essen bereite, wirst du den Weg zum Dorf gehen – eine halbe Stunde hin und eine halbe Stunde zurück. Und du wirst es tun, um nichts zu tun. Du wirst einfach gehen. Ohne Absicht, ohne Pflicht, ohne Auftrag. „Aber was mache ich, wenn mich die Gedanken bestürmen?", wandte der Junge ein. „Sage zu deinen Gedanken: Ich will, dass ihr ein Ziel findet, und darum übergebe ich euch dem Weg. Stelle dir vor, dass deine Gedanken von deinem Kopf in die Füße gleiten und dass der Weg sie aufnimmt. Es ist nur eine Vorstellung, aber sie hilft." – „Ich werde es versuchen", sagte der Junge.

Als er am Mittag vom Weg zurückkam, sagte er nichts. Es gab ja auch nichts zu sagen. Er hatte nicht das Gefühl, dass es ihm wirklich gelungen war, die Gedanken dem Weg abzugeben. Und auch nicht, nichts zu denken und zu tun. Man kann eingeschliffene Gewohnheiten nicht in einer Stunde ablegen. Das war ihm wohl bewusst. Er war ja hier, um zu üben. Und so ging er am Abend, bevor sie in der „Kirche" meditierten, noch einmal den Weg zum Dorf und zurück.

Der dritte Tag: Die Eiche im Wald

Am nächsten Morgen sagte der Junge nach dem Frühstück: „Ich verstehe nicht, wie du in deinem Alter so ruhig sitzen kannst. Du hast dich bei der Meditation gestern Abend nicht einen Zentimeter bewegt. Du bist dagesessen wie eine große Eiche." „Eine große Eiche", wiederholte der Alte, dann schwieg er.

Der Junge war verärgert über das Schweigen, bis ihm der Alte zu verstehen gab, dass sie heute in den Wald gehen würden. „Was tun wir dort?“, fragte der Junge. „Wir suchen eine große Eiche.“ Sie gingen eine Stunde und fanden eine Lichtung. An ihrem Rand erhob sich ein mächtiger Baum. Der Alte blieb stehen und sagte: „Was du von der Eiche siehst, das ist ein Stamm und das sind Äste, Zweige und Blätter. Aber ihr Geheimnis ist tiefer, ihre Kraft liegt in den Wurzeln, sie geben dem Baum Halt und Nahrung.“ Er machte eine Pause und fuhr dann fort: „Nach meinem großen Zusammenbruch ist mir klar geworden, dass ich keine Wurzeln mehr hatte, ich bestand nur noch aus Stamm und Ästen. Ich war stark und selbstbewusst, ich war geschickt und hatte Erfolge, aber ich hatte keinen Halt mehr. Darum ist es passiert.“ Er schwieg und seine Augen wurden feucht. „Aber“, fuhr er fort, „es ist nie zu spät, die Wurzeln wachsen wieder, man muss ihnen nur Zeit geben.“ – „Und was muss man tun, dass sie wieder wachsen?“, fragte der Junge. „Wenn ich morgens und abends in ‚meiner Kirche‘ sitze, dann spüre ich meine Wurzeln. Ich spüre, wie mein Becken den Boden berührt und von ihm getragen wird, ich richte mich in meiner Wirbelsäule auf und mein Kopf streckt sich wie eine Baumkrone dem Licht entgegen.“ – „Redest du mit Gott, wenn du meditierst?“, fragte der Junge und erschrak fast über sich selbst, als er es ausgesprochen hatte. „Gott ist der Grund, auf dem ich stehe“, sagte der Alte, „und das Ziel, nach dem ich mich ausrichte. Aber er ist nicht nur da, wenn ich an ihn denke oder zu ihm rede. Ich muss nicht nach ihm rufen. Er ist immer bei mir – so wie der Boden, in den die Eiche ihre Wurzeln gräbt.“

Der vierte Tag: die Schule des Atems

Vor der abendlichen Meditation ging der Junge wieder seinen Weg zum Dorf, eine halbe Stunde hin und eine halbe Stunde zurück. Er atmete schnell, als er zurückkam. „Du bist außer Atem?“, fragte der Alte. „Ja, ich bin schnell gelaufen.“ – „Wenn du die Kunst der Meditation oder, wie ich lieber sage, die Kunst eines kontemplativen Lebens erlernen willst, dann gehe in die Schule des Atems.“ – „Die Schule des Atems? Was soll ich darunter verstehen?“ – „Ich erkläre es dir morgen. Heute wirst du üben, dich in deinem Grund zu verwurzeln – wie du von der Eiche gelernt hast.“

Am nächsten Morgen nach dem Frühstück schaute der Junge den Alten erwartungsvoll an und sagte leise: „Die Schule des Atems.“ Der Alte machte eine lange Pause und man konnte hören, wie er langsam die Atemluft aus- und wieder einströmen ließ. „Vielleicht ist der Atem der beste Lehrer unseres Lebens“, sagte er. „Und das größte Geheimnis. Es ist ja nicht nur unser Leib, der atmet, unsere Seele atmet mit.“ Wieder machte er eine Pause. „Weißt du, welches deiner Organe den Atem bewegt?“ – „Meine Lunge natürlich!“ – „Falsch! Die Lunge füllt sich mit Sauerstoff und leitet ihn an dein Herz weiter, aber der Motor deines Atems liegt in der Leibmitte.“ Er hielt beide Hände auf die Bauchdecke und demonstrierte, wie sie sich beim Aus- und Einatmen senkte und hob. „Hierher musst du deine Aufmerksamkeit lenken. Dann wird dein Atem stark und tief. Von hier aus fließt er in den ganzen Körper, bis hinauf in den Scheitel und hinab in die Fußspitzen. Du kannst es richtig spüren, wie er dort ankommt. Lass im Ausatmen alle verbrauchte Luft ausströmen, läutere deinen Körper und deine Seele. Räume alle bösen Gedanken, alle Ängste und Zweifel, dein Misstrauen und deinen Mangel an Liebe aus deinem Herzen. Wenn du ausgeatmet hast, dann halte ein paar Augenblicke an und lass erst dann den Einatem einströmen. Ziehe ihn nicht gewaltsam ein, lass ihn von selbst kommen und spüre, wie er dich erfüllt." – „Ja, das tut gut", sagte der Junge, „aber ich kann nicht erkennen, was das mit der Meditation zu tun hat." – „Wenn der Atem in dir strömt, dann bist du verbunden mit dem Fluss von Geben und Nehmen. Im Ausatmen gibst du alles her, was dich belastet, du lässt sogar dich selbst los, du gibst dich hinein in Gott. Und im Einatmen spürst du, wie du erfüllt wirst mit einer Kraft, die nicht aus dir kommt. Der Geist Gottes atmet in dir." – „Du hast vorhin gesagt", wandte der Junge ein, „es ist gut, zwischen Ausatmen und Einatmen anzuhalten. Kannst du mir sagen, was das bedeutet?" – „Dieser Moment ist schwer auszuhalten. Du würdest ja sterben, wenn das so bliebe. Du spürst also deine Bedürftigkeit, ja sogar deine Ohnmacht. Du spürst aber auch, dass dein Dasein nicht selbstverständlich ist, du bist dir geschenkt. So wird dieser Augenblick, der dir deine Ohnmacht bewusst macht, auch ein Augenblick des Glücks. Wenn du beides annehmen kannst – die Ohnmacht und das geschenkte Dasein, dann bist du frei."

Den Jungen überkam ein Schaudern. Die Ohnmacht hatte er bitter erfahren müssen in den letzten Monaten. Nichts ging mehr in seinem Leben. Das Unternehmen bewegte sich am Rand des Abgrunds und sein Privatleben war voller Enttäuschungen. Musste er auch hier die Ohnmacht erfahren? Von Freiheit hatte der Alte gesprochen und von geschenktem Dasein. – Ihm wurde fast schwindlig von solchen Gedanken, aber er wollte nicht aufgeben.

Der fünfte Tag: Der Kessel im Brunnen

Wieder fing ein Tag an. Wie immer war es der Hahn, der den Jungen weckte und ihm bedeutete, wo er war. Die Tage beim Alten und das ständige Üben waren anstrengend: arbeiten, achtsam mit den Dingen umgehen, einen Weg gehen und etwas tun, um nichts zu tun, still werden und sich mit dem Grund verwurzeln, atmen mit Leib und Seele – es war eine Fülle, die ihm hier zugemutet wurde. Und doch spürte der Junge eine Leichtigkeit. Beim Erwachen fühlte er sich weder gerädert noch blickte er angstvoll in den anbrechenden Tag. Er war dankbar für die bisherigen Erfahrungen und freute sich auf das, was kommen mochte.

Wieder dasselbe Ritual: Frühstücken im Schweigen, dann Geschirr abwaschen. Heute aber gab der Alte ihm den Auftrag, Wasser vom Brunnen zu holen. Es war schwerer, als er gedacht hatte. Um den Kessel mit Wasser zu füllen, musste man ihn an einer Seilwinde befestigen und langsam in die Tiefe des Brunnens hinabführen. Was ihm schon am Vortag aufgefallen war: Gewichte auf einer Seite des Kessels bewirkten, dass dieser schräg am Seil hing. „Das ist“, hatte ihm der Alte erklärt, „damit die Öffnung zur Seite zeigt, und das verhindert, dass der Kessel auf der Oberfläche schwimmt. Er soll ja untertauchen und sich mit Wasser füllen.“ Als der Junge den vollen Kessel aus dem Brunnen zog, hing dieser kerzengerade am Haken, das Wasser wog mehr als die Gewichte. Er trug ihn ins Haus und stellte ihn auf den Herd. „Was hast du gelernt?“, fragte der Alte unvermittelt. „Heute hast du mich noch nichts Neues gelehrt, also habe ich auch nichts gelernt“, entgegnete der Junge und es klang fast wie ein

Vorwurf. „O doch!", sagte der Alte. „Du hast dir selbst die Lektion gegeben", rief der Alte. „Hast du nicht Wasser vom Brunnen geholt?" – „Doch!" – „Musstest du nicht den Kessel weit in die Tiefe lassen?" – „Ja, das musste ich." – „Hast du nicht bemerkt, wie das Wasser beim Aufprall erschrak?" – „So könnte man das ausdrücken." – „Und wie kam das Wasser in den Kessel?" – „Der Kessel füllte sich, weil er schräg ins Wasser eintauchte, dann gab es einen Ruck und ich musste achtgeben, dass ihn das Gewicht nicht nach unten zog." – „Siehst du, das ist deine nächste Übung." – „Sag es mir bitte so klar, dass ich es verstehen kann." – „Meditation ist ein Gang zum Brunnen. Du kannst wochenlang ohne Nahrung überleben, aber ohne frisches Wasser wirst du es nicht lange aushalten. Heute bei der Arbeit hast du Zeit und kannst darüber nachdenken, wo dein Brunnen ist. Du kannst nicht hier und dort und überall trinken. Aus den Pfützen und aus toten Gewässern solltest du nicht schöpfen." – „Wo finde ich meinen Brunnen?", fragte der Junge. „Dein Brunnen ist dort, wo deine Sehnsucht gräbt, und nur dein Herz kennt diesen Ort." – „Und was bedeutet der Kessel?" – „Das bist du selbst. Das Gewicht am Kessel, das sind deine schweren Erfahrungen, deine Angst, deine Schuld und deine Verwundungen. Aber ohne Gewicht würde dein Leben an der Oberfläche schwimmen und könnte nicht wirklich eintauchen." – „Und wenn das Gewicht zu schwer wäre?", fragte der Junge kritisch. – „Du bekommst so viel Kraft, dass du deinen Kessel – das bist du ja selbst – halten kannst. Du musst allerdings achtgeben: Die Oberfläche erschrickt und gibt Widerstand, wenn du sie durchdringst. Es tut sehr weh, aber es muss sein. Nur so kann dir der Brunnen frisches und lebendiges Wasser geben." Der Alte hielt an und sagte dann: „Jetzt waschen wir das Geschirr ab und dann gehen wir aufs Feld. Mache dich auf die Suche nach deinem Brunnen und habe den Mut, einzutauchen mitsamt deinen Gewichten."

Der sechste Tag: Das Gesicht eines Menschen

Dem Jungen war aufgefallen, dass sie all die Tage keinem einzigen Menschen begegnet waren. Er war wohl jeden Tag bis zum Rand des Dorfes gegangen, dann aber wieder umgekehrt. Im Haus des Alten gab es kein Telefon, keinen Fernseher und keinen Computer. Kann man ohne die Segnungen der Zivilisation leben, fragte er sich, und mehr noch: Macht es Sinn, sich von anderen Menschen abzuschotten? Es war das erste Mal, dass er einen Widerstand gegen den Alten und seine Lebensart spürte. Der Alte schien sein Missbehagen zu spüren und sprach ihn darauf an: „Du wunderst dich, dass ich scheinbar ohne Menschen auskomme." – „Ja, so ist es", sagte der Junge. „So ist es eben nicht", erwiderte der Alte, „niemand kann und niemand darf allein leben. Es war meine Versuchung am Anfang. Ich hatte so viel Widerwillen gegen den Trubel und Lärm der Stadt, gegen die Eitelkeiten und Eifersüchteleien der Menschen. Ich wollte niemanden mehr sehen. Aber es war eine Versuchung." – „Und wie ist es jetzt?", fragte der Junge. Der Alte atmete tief und richtete sich auf: „Vor einigen Jahren verunglückte ein Kind auf demselben Weg, den du jeden Tag gehst. Ich sah es vom Feld aus. Der Junge streifte mit seinem Fahrrad einen großen Stein und stürzte zu Boden. Er blieb am Boden liegen und bewegte sich nicht. Ich eilte zur Unfallstelle und sah, dass er auf den Kopf gefallen und ohnmächtig war. Ich nahm ihn sorgfältig in meine Arme und trug ihn ins Dorf. Der Mann an der Tankstelle benachrichtigte sofort die Eltern und einen Arzt. Das Kind konnte gerettet werden." Der Alte entfernte sich und kam mit einem Foto in der Hand wieder. „Das ist Stephan, seine Eltern schenkten mir dieses Bild und manchmal kommt er selbst hierher, um mich zu besuchen." Nach einer Pause sagte er: „Es ist wahr, ich pflege nicht sehr viele Freundschaften. Es ist ein großes Geschenk, Freunde zu haben, und gerade deshalb können es nicht viele sein. Aber die wenigen sind mir sehr kostbar. In meinem Gebet haben alle Platz – Stephan und seine Eltern, die Kinder des Dorfes, die gerne hier spielen, der alte Martin, die Bauern, die ich sonntags in der Kneipe treffe, meine Kinder und auch meine von mir geschiedene Frau. Wenn ich meditiere, sehe ich in meinem Herzen ihre Gesichter. Ich lasse die Kraft der Liebe zu ihnen hinströmen. Meditation ist Liebe, ist ein Fluss von gütigen Gedanken. Wenn du meditierst, dann sage immer wieder in der Stille das schöne Wort ‚Du'. Lass die Namen und die Gesichter der Menschen in deiner Seele aufsteigen. Schicke ihnen die Liebe Gottes zu, die sie alle berühren will."

Der siebte Tag: Das eine Wort

Als der Junge erwachte, dachte er an die Übung von gestern. Menschen fielen ihm ein und Gesichter tauchten in seinem Herzen auf. Aber sie waren stumm und er wünschte sich, mit ihnen zu reden. Wieder spürte er seine Ungeduld und sein Unvermögen. Nach dem Frühstück sagte er zum Alten: „Es ist gut, die Gesichter von Menschen zu meditieren, aber mir fehlen die Worte. Wie soll ich zu ihnen in Beziehung treten, wenn ich nicht sprechen kann?" – Der Alte lächelte: „Ich sehe, dass du auf einem guten Weg bist. Du hast Recht: Worte sind Brücken. Sie sind kostbar und heilig." Und nach einer Pause sagte er: „Wenn sie aus einem lauteren Herzen kommen." – „Was ist ein lauteres Herz?", fragte der Junge. „Du weißt", sagte der Alte, „Worte können auch hässlich und schmutzig sein. Sie können wie Messer sein, die verletzen und töten. Sie können wie Brücken sein, die schön aussehen, aber nicht tragen. Das lautere Herz kennt nur gute und einfache Worte, es denkt und fühlt ohne Winkelzüge und Hintergedanken. Es entschärft die verletzenden Worte und es bewahrt vor falschen Brücken." – „Und wie gewinne ich ein lauteres Herz?", fragte der Junge. „Wenn du meditierst, dann nimm nur wenige und gute Worte. Das Wort ‚Licht' oder ‚Liebe' oder ‚Freude'. Lass dein Wort von deinen Lippen in dein Herz sickern und wiederhole es immer wieder. Lege es an den Fluss deines Atems. Du wirst sehen, dass es dich verändert und heil werden lässt." – Der Alte stand auf und ging zum Bücherregal. Er kam mit einem dicken, vom vielen Lesen abgenutzten Buch wieder und las vor: „‚Im Anfang war das Wort und das Wort war bei Gott und das Wort war Gott.' Das ist es! Nicht in vielen Worten ist Gott, sondern in dem einen." – „Ist es nicht Jesus, von dem das Johannesevangelium spricht?", wandte der Junge ein. „Ja, er ist es", entgegnete der Alte, „aber wir sind es auch. Ein paar Verse weiter heißt es: ‚Das Wort ist Fleisch geworden.' Fleisch, das ist der Mensch, die Welt. Gott ist in die Welt gekommen in Jesus. Und Gott wird heute Mensch in dir und in mir. In uns allen nimmt das Wort, nimmt Gott Fleisch an. Ich finde, das ist der Gipfel. Weiter kann die Meditation nicht gehen." Der

Alte zeigte nach draußen zum Brunnen: „Gott ist das Wasser und ich bin das Gefäß und die Meditation ist der Gang zum Brunnen.“ Der Junge rutschte auf seinem Stuhl hin und her. Endlich sagte er: „Ich habe lange nicht mehr in der Bibel gelesen. Das kommt mir alles etwas plötzlich. Gib mir Zeit und lass mich nachdenken.“ Der Alte lächelte: „Das Wort, von dem Johannes spricht, ist alles andere als gewalttätig. Es will keine Knechte, es will Freunde. Du musst spüren, was für dich gut ist. Du kannst ‚Jesus‘ sagen oder aber ein anderes Wort, du kannst einen Vers aus den Psalmen lesen oder einfach das schöne Wort ‚Du‘ in deinem Herzen bewegen.“

Der achte Tag: Das Brot und der Wein

Als die Woche zu Ende ging, überlegte der Junge, ob er seine Zeit in der Einsiedelei beenden oder noch einige Tage bleiben solle. Er wollte es erst am Abend entscheiden. Der Alte war anders als sonst. Den Frühstückstisch hatte er mit einer weißen Decke und mit Blumen aus dem Garten geschmückt. „Den Abwasch machen wir erst morgen früh“, sagte er. „Heute ist Sonntag. Wir arbeiten nicht, du hast Zeit für dich, du kannst ausruhen und du kannst vertiefen, was wir in den letzten Tagen geübt haben.“ – „Und was wirst du tun?“, fragte der Junge neugierig. Der Alte schaute durch das Fenster hinüber zum Dorf und sagte: „Seit dem Unfall von Stephan habe ich mir angewöhnt, am Sonntag ins Dorf zu gehen und Menschen zu besuchen. Wir treffen uns zuerst zum Gottesdienst in der Kirche und dann gehe ich zu Stephan und seinen Eltern, zu Margaretha und Martin oder zum alten Benedikt. Und manchmal setze ich mich auch zu den

Bauern in die Kneipe und trinke ein Bier mit ihnen." – Der Junge schaute ihn fragend an und dann wagte er zu sagen: „Ich erinnere mich an manche Diskussion in der Firma. Du hast nie viel von der Kirche gehalten." – „Das ist richtig und ich habe auch heute noch meine Schwierigkeiten mit dem Bodenpersonal des lieben Gottes. Wenn ich Jesus betrachte und die Bergpredigt lese, dann spüre ich, dass die Kirche meilenweit davon entfernt ist." Der Junge unterbrach ihn: „Du weißt, dass ich christlich erzogen bin, und ein wenig steckt diese Erziehung mit allen Vor- und Nachteilen immer noch in meinen Knochen, aber in all den Jahren meines Lebens habe ich in keinem Gottesdienst eine solche Erfahrung gemacht wie hier in den letzten sieben Tagen." – Der Alte lachte: „Dabei gehört das, was du geübt hast, zum ureigenen Kern der christlichen Tradition. Denke nur daran, dass die Bibel für den Heiligen Geist dasselbe Wort benutzt wie für den Atem. Oder dass Jesus von sich als dem ‚lebendigen Wasser' spricht." – „Hat die Christenheit diese Tradition vergessen?" – „Ich glaube eher, wir haben Angst vor unserem eigenen Reichtum, vor unserer Tiefe. Und dann ist es leichter, sich auf der Verstandesebene des Glaubens zu bewegen. Ich selbst habe in der Meditation die Tiefe der Liturgie entdeckt." – „Magst du davon sprechen?" – „Meine Erfahrungen kann ich nur schwer in Worten ausdrücken. Ich spüre, wie meine Worte stumpf werden. Aber wenn das stimmt, dass ich als Mensch in das Brot und in den Wein alles hineinlegen kann, mein ganzes privates Leben – meine Gedanken und Gefühle, mein Glück und mein Unglück, einfach alle und alles und auch, was die große Welt bewegt: das, was uns verbindet, und das, was uns trennt – wenn wir das in dieser Feier vor Gott bringen können, dann ist das größer als alles, was ich je in meiner ‚Kirche' erlebt habe. Und wenn es stimmt, dass sich in diesem Brot und Wein Gott gibt, uns auf die Hand, dass er in uns eindringt bis ins Herz, dann kann ich nicht anders als still werden und dankbar sein. Das ist es, warum ich gehe." – „Und warum verändert sich so wenig bei denen, die gehen? Warum spürt man so wenig von dieser Kraft?" – „Du kennst mich ja von früher. Du weißt, das war auch mein Vorwurf. Aber mein Urteil kam von außen und so kann ich nichts spüren." – „Spürst du denn jetzt etwas?" – „Ja, ich spüre, dass Gott mein Leben auf den Kopf gestellt hat. Du hast es ja wahrgenommen die letzte Woche. Es ist nicht einfacher geworden, aber ich lebe mit einer großen Gelassenheit, ich lebe versöhnt. Manches ist zur Ruhe gekommen und heil geworden, was mir vor ein paar Jahren noch unsagbar wehtat. Heute kann ich zu meinen Fehlern stehen und um Verzeihung bitten."

Sie schwiegen einige Minuten. Der Alte schaute schließlich auf die Uhr und sagte: „Es ist Zeit, ich habe eine halbe Stunde Weg bis zur Kirche. Ich werde mich umziehen und dann gehen. Gegen Mittag bin ich zurück und dann essen wir zusammen." Der Junge schaute ihn an und fragte leise: „Nimmst du mich mit?"

Und schließlich: Der Weg zurück

Es kam die Stunde des Abschieds. „Es war nicht leicht", sagte der Junge, „es war kein Spaziergang. Aber ich habe eine Ahnung bekommen von einer anderen Welt. Nun werde ich wieder zurückkehren – zu meiner Familie, zu meinen Geschäften, in die Firma, in den Lärm und in den

Trubel. Ich bin nicht sicher, ob etwas bleiben wird von dem, was ich erlebt habe." – „Da habe ich es besser", sagte der Alte, „aber manchmal denke ich, ich müsste auch zurückgehen, und wenn ich jünger wäre, würde ich es tun. Ob das trägt, was du in dieser Woche geübt hast, das zeigt sich ja erst, wenn du wieder drin bist in allem." Nach einer Weile fügte er hinzu: „Vielleicht findest du deinen Bauernhof in deinem Büro." „Wie meinst du das?" – „Es kommt nicht darauf an, auszusteigen, wie ich es gemacht habe. Es kommt darauf an, die Kunst eines kontemplativen Lebens mitten in der Stadt und unter den Menschen zu üben." – „Geht das?", fragte der Junge. „Es ist ein Abenteuer. Ich wünsche, dass es dir gelingt. Dass du dir Zeiten und Räume schaffst, wo du vertiefen kannst, was du hier begonnen hast. Weißt du noch die sieben Stufen?" – „Jaja", sagte der Junge, „ich kenne sie noch: Achtsamkeit, Nichtstun, Verwurzelung, Atmen, der Gang zum Brunnen, das Gesicht der Menschen und das Wort." Ganz leise fuhr er fort: „Du sollst wissen: Heute Morgen habe ich eine Ahnung bekommen, was die achte Stufe ist – das, was du den Gipfel der Meditation nennst, die Messe." – „Lebe wohl!", sagte der Alte und umarmte ihn. „Lebe wohl!", sagte der Junge, „und danke!"

Tugenden – Grundwasser der Seele

Tugenden – ein Wort, das spätestens nach den 68ern Staub angesetzt hat. Seit das Bild vom selbstbewussten und autonomen Menschen unser Denken und Tun bestimmt, haben – so scheint es – die Tugenden ausgedient. Wir entwerfen die Wege und Werte unseres Lebens selbst. Wir spüren „aus dem Bauch heraus", was gut ist und was uns guttut.

Wenn es manche Zeitgenossen dennoch wagen, das Wort „Tugenden" wieder in den Mund zu nehmen, dann nicht, um das Rad der Geschichte zurückzudrehen. Das geht nicht und das wäre, selbst wenn es ginge, falsch. Es hatte ja einen guten Grund, warum eine miefige und entmündigende Moral aus den Angeln gehoben und zum geistigen Sperrmüll erklärt wurde. Spätestens der Mensch des ausgehenden 20. Jahrhunderts musste sich lossagen von Systemen, die das Streben, gut zu sein und Gutes zu tun, missbrauchten, um Herrschaft auszuüben. Nicht verwunderlich, dass sich dieser Prozess wie alle Befreiungsaktionen in einer pubertären Eruption vollzog.

Was wir heute erleben, ist eine leise Annäherung an überzeitliche Werte, die nach der Entstaubungsaktion wieder zu Tage treten. Das deutsche Wort „Tugend" kommt von „taugen". Wir spüren mehr und mehr, dass im „großen Tauglichkeitstest des Lebens" nicht nur durchsetzungsfähige Leitfiguren und zielorientierte Erfolgstechniker nach vorne kommen. Bei diesen lassen im Gegenteil nach einem mitunter grandiosen Sprint auf der Zielgeraden merklich die Kräfte nach. Um lebenstauglich zu sein, brauchen wir mehr – ganz gleich ob in der persönlichen Entwicklung, in der Gestaltung von tragenden Beziehungen oder im beruflichen Szenario. Wir können es einen Schatz an inneren Werten nennen oder das Grundwasser der Seele oder einfach einen Fundus an Tugenden. Sie sind das Fundament, das uns Halt und Stabilität gibt, und sie sind der Rhythmus, der der Musik unseres Lebens Struktur verleiht.

Tugenden sind Grundhaltungen, die ein gutes, gesundes und erfülltes Leben ermöglichen. Keine Frage: Auch das Wort „Haltung" hat einen suspekten Klang. Wir hören Zwischentöne von Unterwürfigkeit und Unfreiheit. „Nehmen Sie Haltung an!" – ein Schrei auf dem Kasernenhof. Einübung in Grundhaltungen könnte missverstanden werden, etwa in dem Sinn, dass da Menschen auf einen gleichschrittigen Lebensrhythmus eingeschworen werden. Das gerade Gegenteil ist gemeint. Nichts braucht unsre Zeit mehr als Menschen in aufrechter Haltung, die sich ihrer persönlichen Würde bewusst sind, sich in die Augen blicken lassen und wissen, was sie wollen. Je tiefer wir in guten Gewohnheiten verwurzelt sind, umso freier und leichtfüßiger bewegen wir uns. Und umso weniger können uns Veränderungen und Irritationen aus der Bahn werfen.

Wer auf den Grund kommen will, muss graben

Oft bewege ich mich an der Oberfläche meiner Seele. Es sind Augenblicksgefühle und punktuelle Erfahrungen, die meine Aufmerksamkeit in Beschlag nehmen. Ich freue mich zwei Stunden lang über ein gutes Fußballspiel. Ich bin ärgerlich über einen verpassten Zug.

Der überraschende Brief eines alten Freundes beschäftigt mich. Mir klopft das Herz, bevor ich einen Vortrag beginne. – Die meisten inneren Bewegungen sind solcher Art und spielen sich an der Peripherie meiner Seele ab. Außerdem bestimmt der Terminkalender mein Tun und Lassen, er bewegt mich von Begegnungen zu Aufgaben und von Festen zu Pflichten. Ich frage mich, was das große Ganze dieses Patchworks ist und wo ich bleibe. Wie kann ich der Tiefendimension meines Lebens mehr Raum geben? – Es gibt zwar die Oasen in der Alltagswüste: Urlaub, Wochenenden, Reisen, Festtage und andere freie Zeiten. Aber reicht das? Es ist keine Frage, dass in meiner Tiefe eine lebendige Quelle sprudelt, aber sie ist verschüttet, und ich muss sie erst freilegen. Es sind drei Punkte, die mich weiterführen:

Zeit –
Freiräume im Alltag:
die zehn Minuten Stille vor der Arbeit,
die zwei Minuten an der Bushaltestelle,
die Wartezeit an der roten Ampel,
das stille Gebet während einer Autofahrt.

Mut –
couragiert für die Wahrheit einstehen,
leben ohne Masken und Winkelzüge,
ehrlich nach meinem Selbst suchen,
Kritik annehmen, ohne mich zu verteidigen.

Veränderung –
meine Einstellung verändern – zu den Problemen und zu den Dingen,
meinen Blick verändern – für die Menschen und für das Leben,
meine Beweggründe prüfen und wenn nötig korrigieren,
Entscheidungen aus spirituellen Motiven heraus treffen.

Die Verantwortung für mich und mein Tun trage ich selbst

Ich wende mich mit diesem Buch nicht zuletzt an Führungskräfte, an Frauen und Männer, die Verantwortung tragen – für eine Familie, für ein Unternehmen, für eine gesellschaftliche Einrichtung, für ein Kloster ... Ganz gleich wie diese Verantwortung aussehen mag, sie beginnt bei der Verantwortung für sich selbst. Führungskräfte tun gut daran, nicht nur ihre Fachkompetenz weiterzuentwickeln, sondern auch nach einer persönlichen Lebenskultur zu suchen. Wer Verantwortung übernimmt, braucht ein ethisches Koordinatensystem für seine Entscheidungen und für sein Handeln. Dieses Buch soll dafür eine Hilfestellung sein.

In den zwanzig Jahren, da ich selbst Leitungsaufgaben wahrgenommen habe – unter anderem als Provinzial für über hundert Ordensleute und etwa 200 Mitarbeiterinnen und Mitarbeiter in verschiednen Einrichtungen – habe ich mir immer wieder die Frage gestellt, wie ich meine geistliche Berufung mit dem in dieser Aufgabe notwendigen Management verbinden kann. Oder wie ich meine Arbeit vom Spirituellen her unterfüttern kann. Ich sehe die größte Gefahr für ein geistliches Leben nicht darin, dass es immer wieder mit sehr weltlichen und trivialen Problemen konfrontiert wird, sondern im Gegenteil, dass es aus seinem Alltagsbezug herausgelöst und in einen „heiligen Raum" gestellt wird. Es ist keine Frage, dass Aktionen ohne spirituelle Tiefe zu fragwürdigen Kreisläufern werden. Was immer wir tun, es wird erst human durch die Fragestellung nach dem Woher und Wohin, nach dem Grund und dem Sinn.

Umgekehrt bedarf das Geistige des Körperlichen, das Spirituelle des Alltäglichen und die Gotteserfahrung der Bodenhaftung, damit Menschen wirklich zur Reife christlicher Kontemplation gelangen. Christliche Spiritualität hat ihren Ausgangspunkt und ihr Ziel in der Menschwerdung. Das Menschsein Jesu, sein Leben und Sterben gibt unseren spirituellen Bewegungen die notwendige Erdung. Gott geht in die „Bodenstruktur" menschlicher Existenz, und unsere Erlösung geschieht von unten nach oben.

Von dieser Denkrichtung her will ich in diesem Buch unter anderem fragen, wie sich Beruf und Glaube in Einklang bringen lassen. Ich will versuchen, geistliche Leitlinien für das Arbeitsleben und in besonderer Weise für die Menschen in Führungspositionen zu entwerfen. Wenn solche Leitlinien auch in der gängigen Managementliteratur zu finden sind, dann zeigt dies, dass die spirituelle Suche auch außerhalb der christlichen Kirchen lebendig ist. Dies sollte Christen ermutigen, uns unserer eigenen geistlichen Ressourcen bewusst zu werden und die der anderen zu würdigen.

Trainingsplatz und Spielfeld –

Auszeit und Alltag

Wenn wir eine Pflanze aus dem Gewächshaus ins Freiland versetzen, dann ist dies eine einschneidende Veränderung. Sie muss sich umstellen, Regen und Wind aushalten und den Schutz des wohltemperierten Hauses entbehren. Es mag sein, dass sie dabei das eine oder andere Blatt verliert, aber nach einer Zeit der Umgewöhnung wird sie wachsen und stark werden. Ähnlich geht es einem Sportler: Während er auf dem Trainingsplatz von seinem Coach eingestellt, trainiert und korrigiert wird, muss er auf dem Spielfeld auf derlei Hilfestellungen verzichten und zeigen, ob es in Fleisch und Blut und Körper und Geist eingewachsen ist, was er im Training geübt hat. So ist es auch in einem geistlichen Leben. Es braucht beides – den Trainingsplatz und das Spielfeld, die Auszeit und den Alltag.

Die in diesem Buch vorgeschlagenen Meditationen und Übungen sind für einen doppelgleisigen Weg gedacht. Sie werden das Alltägliche, etwa Ihr persönliches Zeitmanagement, Ihre Planungsarbeit, Ihre Verhandlungsstrategien, Ihre Gespräche mit Mitarbeiterinnen und Mitarbeiter usw. auf dem Hintergrund Ihres geistlichen Lebens sehen und gestalten und Sie werden umgekehrt ebendiesen Ihren Alltag zum Thema Ihrer Meditation und Ihres Gebetes machen. Sie nehmen sich also den nötigen Raum für Stille und persönliche Reflexion, aber Sie treten dann wieder heraus aus dem geschützten Raum der Besinnlichkeit in die Offenheit und Überraschung des Alltags.

Dass es dabei auch Unvorhergesehenes, ja sogar Zusammenstöße geben wird, brauche ich Ihnen nicht zu sagen. Aber ebendies ist das Wagnis. Und ebendies wird Ihr Leben – das private und das berufliche – spannender und reicher machen.

Anleitung für die Praxis

Auf den folgenden Seiten werden Ihnen in zwölf Kapiteln geistliche Grundwerte vorgestellt, die vor allem für Führungskräfte von Bedeutung sind. Die Texte eignen sich für einen geistlichen Übungsweg, der sich über eine längere Zeit hinzieht. Das Tempo dafür müssen Sie selbst finden. Denkbar ist zum Beispiel, sich jeden Monat ein Kapitel vorzunehmen und damit zu üben. Die einzelnen Kapitel sind in ihrer Grundstruktur gleich aufgebaut und enthalten jeweils sechs Textelemente:

EINSTIEG
WOCHENIMPULSE
BIBELTEXT
BEDENKTEXT
GEBET
LABORATORIUM ALLTAG

Mein Vorschlag: Planen Sie in Ihrem Kalender für ein Jahr folgende spirituellen Pausen ein:

AUSZEIT – ein Abend zu Beginn eines jeden Monats

WOCHENANFANG – eine Stunde am Sonntag

LABORATORIUM ALLTAG – eine Stunde mitten in der Woche

ATEMPAUSE – täglich zehn Minuten am Morgen und am Abend

Diese spirituellen Pausen können im Einzelnen folgendermaßen gestaltet werden:

AUSZEIT – ein Abend zu Beginn des Monats

Ich nehme mir 2 bis 3 Stunden Zeit, um mich auf den jeweiligen Grundwert und den entsprechenden Übungsplan einzustellen.
Ich gestalte ein Blatt, auf das ich in großen Buchstaben den ausgewählten Grundwert schreibe, und stelle mir die folgenden Fragen:
Welche Erfahrungen habe ich bisher damit gemacht?
Will ich eine Veränderung bei mir und warum?
Welche geistlichen Ziele will ich mir für diesen Monat setzen?
Ich meditiere die für die betreffende Grundhaltung vorgeschlagenen WOCHENIMPULSE und verteile diese auf die vier Wochen des Monats.
Ich lese und meditiere den BEDENKTEXT.
Ich schließe diese Auszeit mit einem persönlichen Gebet oder einer Schweigezeit ab.

WOCHENANFANG – eine Stunde am Sonntag

Ich sehe den Sonntag als den Auftakt einer neuen Woche, der darüber entscheidet, ob es eine gute, schöne, menschliche und fruchtbare Woche wird oder nicht.
Ich meditiere einen der vorgeschlagenen BIBELTEXTE oder das Evangelium des Sonntags.
Ich wähle aus den WOCHENIMPULSEN jeweils einen neuen aus und konkretisiere ihn für meine Verhältnisse.
Ich lasse die Erfahrungen der vergangenen Woche in einer Zeit der Stille oder bei einem Spaziergang nachklingen.

LABORATORIUM ALLTAG – eine Stunde mitten in der Woche

Ich beginne mit einer Atem- oder Bewegungsübung oder mit ein paar Minuten Stille.
Ich lese den Text unter dem Stichwort LABORATORIUM ALLTAG und wähle eine Übung aus, die ich in dieser Woche umsetzen will.
Ich konkretisiere die Vorschläge für meine Verhältnisse und formuliere schriftlich, was mir wichtig ist.
Ich schließe mit einer stillen Zeit oder einem Gebet.

ATEMPAUSE – täglich zehn Minuten am Morgen und am Abend

Ich beginne und schließe jeden Tag mit einer „Atempause". Zunächst entspanne ich mich und werde still.
Ich reflektiere meinen persönlichen WOCHENIMPULS.
Was ist/war mir wichtig?
Wie weit bin ich mit der Arbeit im LABORATORIUM ALLTAG gekommen?
Ich schließe mit einem Gebet ab (zum Beispiel mit einem Psalm oder einem Gebet aus diesem Buch).

Von Achtsamkeit bis Zuversicht

Zwölf geistliche Grundwerte
für Führungskräfte und andere

Achtsamkeit

Die Sinne für das Wesentliche schärfen.

Einstieg

Achtsamkeit ist etwas ganz anderes als die distanzierte „Hab-acht-Stellung“, in der wir andere und anderes oft als gefährliches Gegenüber betrachten. Achtsamkeit beendet den Kampf um das eigene Selbst, es geht ihr nicht um das Ego und seine Bedürfnisse oder seine Verletztheiten, sie richtet ihre Aufmerksamkeit vielmehr auf die Welt und die Menschen, so wie sie sind. Der achtsame Mensch verzichtet auf Klassifizierungen und Urteile, er ermöglicht Freiheitsräume. Er will weniger die Oberfläche als vielmehr die Tiefenschärfe der Dinge wahrnehmen. Er will die Botschaft in einer Aussage hören, will, was geschieht, mit Anteilnahme und Sympathie erleben, will menschliche Nähe spüren, will Räume der Freiheit und des Heilwerdens schaffen.

Achtsamkeit öffnet den Menschen für die Transzendenz, für die Sprache Gottes in der Welt und durch sie hindurch.

Das Ziel der folgenden Übungen ist es,
… Abstand zu gewinnen zu einem Lebensautomatismus, der mir von außen diktiert wird und den ich nicht mehr persönlich reflektieren kann;

… dem Sein und Wahrnehmen mehr Gewicht zu geben als dem Tun und Funktionieren;

… offen zu werden für die Überraschungen des Lebens: dafür, dass Menschen ganz anders sein können, als ich glaube; dass sich mitten im grauen Alltag unentdeckte Schönheit und Güte verbirgt …;

… kontemplativ zu leben: zuzuhören, genau hinzuschauen, mir und anderen Zeit zu geben, nur eine Sache gleichzeitig zu tun, schöpferische Freiräume zu ermöglichen, Mut zu machen …

Wochenimpulse

1. Ich schließe immer wieder einmal die Augen und höre in mich hinein. Ich versuche, den Grundstrom meines Innenlebens zu erspüren.

2. Ich gebe mir Zeit, die vielen Eindrücke, die auf mich einstürmen, auch zu verarbeiten und auf ihre Botschaft hin zu befragen.

3. Ich frage in Gesprächen – besonders, wenn es Konfliktgespräche sind – nach, was mein Gegenüber gemeint hat („Was meinst du, wenn du sagst …“ – „Habe ich dich richtig verstanden …?“).

4. Ich schenke den kleinen Dingen mehr Beachtung und würdige sie: einen Gruß, ein Lächeln, einen sorgenvoller Blick, den Blumenschmuck auf dem Schreibtisch, die sorgfältige Arbeit einer Kollegin …

Bibeltexte

Dtn 4,5–10
Gottes Aufforderung an das Volk Israel, auf die Gesetze und Vorschriften, aber auch auf sein liebendes und erlösendes Tun zu achten.

Psalm 130
Das Gebet eines Menschen, der sich seiner Verwundungen und seiner Schuld bewusst ist und der seine ganze Hoffnung auf Gott setzt.

Mk 13,28–37
Wachsamkeit ist die Grundhaltung des gläubigen Menschen. Es ist die Fähigkeit, die Zeichen der Zeit im Bewusstsein der Gegenwart Gottes zu deuten.

Lk 11,33–36
Das Gleichnis vom Licht und vom Auge fordert auf, auf die Gesundheit des Herzens zu achten; sie verleiht uns die Fähigkeit der geistlichen Unterscheidung.

Bedenktext

Dinkelbrot

Samstagmorgen beim Bäcker. Eine lange Schlange. Endlich komme ich an die Reihe. Dann geht es schnell. So schnell, dass ich beinahe den Zopf für den Sonntag vergesse.

Ich warte aufs Wechselgeld ...

Ein Dinkelbrot und ein flammendes Herz, sagt ein Mann hinter mir.

Die Stimme klingt sympathisch. Ich drehe mich um und sehe einen Mann, groß und sehr kräftig. Schwarze Lederjacke mit Nieten, spitze Stiefel wie aus einem Edelwestern, am linken Ohr ein Silberring, unter dem Arm ein Helm. Sieht ein bisschen nach Motorradrocker aus, denke ich.

Die Stimme, das Aussehen – und dann noch ein Dinkelbrot und ein flammendes Herz. Ich krieg's nicht zusammen. Die Puzzleteile in meinem Kopf passen nicht. Ich spüre, wie sich da etwas wehrt. Warum soll denn ein Mann im Motorradanzug mit Nieten keine flammenden Herzen kaufen?

Ich packe meine Sachen in den Korb. Dann kommt mein Wechselgeld.

Gleichzeitig verlassen wir den Laden. Ich will noch etwas sagen. Ihm noch eine Chance geben oder eher mir. Auf die Schnelle fällt mir nichts Besseres ein als die wirklich unmögliche Frage: Essen Sie das Herz selber oder verschenken Sie es?

Nein, das Herz ist für meine Mutter, sagt er. Sehr freundlich. Die mag das so gerne. Und seit sie nicht mehr aus dem Haus kann nach einer Hüftoperation, bringe ich ihr eines mit, wenn ich zum Bäcker gehe.

Setzt den Helm auf, verstaut Dinkelbrot und flammendes Herz im Koffer, schwingt sich auf seine Maschine.

Wow. Einfach so am Samstagmorgen. Ohne speziellen Grund, ein Dinkelbrot und ein flammendes Herz. Mich würde das freuen.

Aber darum geht's ja nicht. Nicht ausweichen.

Ja, worum geht es eigentlich? Um das Bild, das ich mir von Menschen mache.

Denn dass ich mir kein Bild machen soll, ich glaube, das gilt nicht nur für Gott, das gilt auch für seine Geschöpfe.

Ich aber schaffe das nicht so leicht ohne Bilder – weder bei Gott noch bei den Menschen.

Diese Begegnung beim Bäcker hat mir gezeigt: Es ist wichtig, dass ich meine Vorstellungen korrigieren lasse, dass ich die Bilder, die ich mir von Menschen mache, aufgebe, sie zerreiße, wie einen Einkaufszettel, den ich nicht mehr brauche.

Und das Schönste für mich ist, dass mir die Menschen dabei helfen. Es braucht schon ein bisschen Mut, einen anzusprechen, auf jemanden zuzugehen und nachzufragen. Aber es lohnt sich.

Gebet

Du Gott meines Herzens,
du achtest auf mich mit gütigen und gerechten Augen.
Vor dir darf ich sein, wer ich wirklich bin.
Gib mir ein waches Herz für alles, was ist:
für mich selbst,
für die Menschen,
  für die Dinge
  und – soweit ich dich verstehen kann – auch für dich.
  Schenke mir deinen heiligen Geist,
  der meine Sinne weitet,
  meine Sinne weckt
  und der mich lehrt,
  dich in allem zu erkennen.

Laboratorium Alltag

Eine Entdeckungsreise zu den spirituellen Quellen

Wer damit beginnt, mit der Welt, den Menschen und sich selbst achtsam und bewusst umzugehen, taucht ein in das Meer spiritueller Wirklichkeit. Sie ist das Wasser, das uns erfrischt und tränkt. Was aber ist Spiritualität und wo entspringen ihre Quellen?

Wer meint, Spiritualität gehöre ausschließlich in die Privatheit des persönlichen Glaubenslebens und habe nichts mit einer beruflichen Realität zu tun, der erweist sich selbst einen schlechten Dienst. Das lateinische Wort „spiritus" meint zum einen den Geist im Sinn des Intellekts und des logischen Denkens. Es meint zum anderen unsere Fähigkeit und unsere Sehnsucht, in allem einen tieferen Sinn zu suchen und das Leben auf den letzten Grund, auf Gott hin zu entwerfen. Wenn wir im Netz des beruflichen Tuns nicht nur höhere Produktionszahlen, optimale Nutzung der Ressourcen und Gewinnmaximierung suchen, wenn wir nach dem „Mehr" an Humanität fragen und offen sind für die in jedem Menschen angelegte Sinnfrage, dann bewegen wir uns auf der spirituellen Ebene.

1. Die Entdeckung der Bedeutung

Was immer wir produzieren und erleben, es ist mehr als ein äußeres Phänomen. Ein Auto ist mehr als ein Auto. Es ist vielleicht ein Geschenk eines Vaters an seine Tochter, die eine gute Abschlussprüfung gemacht hat. Es ist für einen Behinderten die lang ersehnte Chance, zu reisen,

Menschen zu besuchen, sich fortzubilden usw. Auch die Tätigkeit am Computer ist mehr als die Daten, die gespeichert werden. Es geht immer auch um eine tiefere Schicht, um die Frage, was das, was ich da gerade tue, bedeutet. Alles, was wir tun, führt in tiefere Schichten, es hat einen humanen und im Letzten einen metaphysischen Grund. Der gute Vorgesetzte ist sich dessen bewusst. Er ist für die Frage offen, was bestimmte Verhaltensweisen seiner Mitarbeiterinnen und Mitarbeiter bedeuten, in welche Sinnschichten sie hineinragen. Er wird auch sein eigenes Verhalten auf diesem Hintergrund sehen und anfragen.

2. Die Entdeckung des Humanen

Es geht im Arbeitsprozess um Menschen. Nicht nur um jene, die arbeiten, sondern auch um jene, für die sie arbeiten. Das Ziel der Arbeit kann nur der Mensch sein. Wenn Arbeit nicht dazu dient, dem Menschen mehr Freiheit, mehr Lebensraum und Lebensqualität zu ermöglichen, dann ist sie im Ansatz verkehrt. Dessen müssen sich alle Führungskräfte bewusst sein. Es ist unbestritten, dass die Spannung zwischen den Sachzwängen und den humanen Zielen mitunter fast unerträglich ist und jenen, die Verantwortung tragen, oft den Schlaf raubt. Aber sie sind nicht zuletzt deswegen an ihre herausragende Position berufen worden, um gerade diese Spannung erträglich zu machen.

3. Die Entdeckung des Göttlichen

In einer säkularen Gesellschaft hat jeder das Recht zu glauben, was er will. Wie alle Bereiche des öffentlichen Lebens steht die Arbeitswelt unter dem Gebot der Religionsfreiheit. Darum ist es auch nicht Sache der Führungskräfte, die Mitarbeiterinnen und Mitarbeiter religiös zu traktieren. Und doch hat Arbeit eine göttliche Dimension. Sie ist Mitarbeit am Schöpfungswerk. Sie steht unter dem Gebot Gottes, seine Erde zu bebauen und nicht auszuschlachten, die Kräfte der Erde zu nutzen und nicht zu überfordern, dem Wohl aller Geschöpfe zu dienen und sie nicht auszubeuten. Der arbeitende Mensch ist ein Teil der Schöpfung und er dient dieser. Es ist seine Berufung, seine kreativen Kräfte im Sinn des Schöpfers und der Geschöpfe zu gebrauchen. Für gläubige Menschen ist darum Arbeit ebenso ein Lob Gottes wie das Gebet oder die Kunst.

Spiritualität am Arbeitsplatz zu leben und damit dem beruflichen Tun einen großen und weiten Atem zu geben ist eine Kunst, die nur denen gelingt, die auch außerhalb des Arbeitsplatzes nach dem tieferen Sinn ihres Lebens suchen. Die folgenden zehn Impulse mögen der spirituellen Entfaltung dienen.

Übungen für die Praxis

- *Ich gehe mit wachen Sinnen durch die Welt. Ich nehme alle und alles mit einer großen Aufmerksamkeit wahr. Ich schenke mir selbst Aufmerksamkeit: Ich spüre meinen Leib, meine Seele, meinen Geist, meine Wachheit und Müdigkeit, meine Reaktionen, meine ganze Befindlichkeit. Ich bin dabei auch kritisch und lasse Kritik zu. Ich spüre, dass sie mich wacher und reifer machen kann.*

- *Ich lasse alles wahr sein, was in mir ist, die guten und die bösen Gefühle, die Kreativität und die Bequemlichkeit, die Verantwortlichkeit und die Machtgelüste … Ich verdränge nichts, ich urteile nicht.*

- *Ich übe täglich die Grundbewegungen eines spirituellen Lebens: loslassen und neu werden, abgeben und sich beschenken lassen. Immer wieder übe ich, gut aus- und einzuatmen.*

- *Ebenso übe ich das Lassen und Neuwerden im Gehen. Ich spüre bewusst, wie ich Schritt fasse und Schritt lasse. Ich verbinde damit, dass ich Altes verabschiede und Neues unbeschwert anfange.*

- *Meine besondere Aufmerksamkeit gehört der Gegenwart. Ich entscheide mich, ganz im Jetzt zu leben. Immer, wenn ich zu sehr in die Vergangenheit oder Zukunft abdrifte, bekehre ich mich bewusst für das Hier und Jetzt. Ich mache mir bewusst, dass alles, was gut war, in mir präsent bleibt, und dass ich das Schwere durchlitten und damit gemeistert habe. Ich mache mir auch bewusst, dass meine Zukunft umso schöner sein wird, wenn ich die Gegenwart auskoste und meine Chancen heute nutze.*

- *Ich realisiere auch die dämonischen Kräfte in meinem Leben. Sie treiben mich entweder in Angst und Resignation und verderben meine schöpferischen Kräfte. Oder sie gaukeln mir ein selbst zu machendes Glück vor, sie stimmen mich größenwahnsinnig und hochmütig.*

- *Ich will als glaubender Mensch dankbar anerkennen, dass Gott in meinem alltäglichen Leben zu mir spricht. Meine Aufgaben sprechen mich an und rufen nach meiner Verantwortung und Entscheidung. Die Menschen erwarten von mir Treue und Verlässlichkeit.*

- *Im Leben – auch und gerade im Arbeitsleben – ist Gott bei mir, um mir Geleit zu geben und um mich als seine Mitarbeiterin/seinen Mitarbeiter in Dienst zu nehmen. Betend erbitte ich mir die Kraft, Gottes Sprache zu verstehen und seinen Willen zu tun.*

Beharrlichkeit

Sich selbst treu bleiben.

Einstieg

Menschen, die konsequent ihren Weg gehen, werden leicht verkannt. Man wirft ihnen sehr schnell Unbeweglichkeit im Denken, mangelnde Sensibilität oder gar Sturheit in der Durchsetzung ihrer Ziele vor. Beharrlichkeit ist in etwa das genaue Gegenteil davon. Sturheit resultiert letztlich aus der Angst, man könne sein Ansehen, sein Image, seine Grundsätze, ja sogar sich selbst verlieren. Beharrlichkeit dagegen ist der Mut, seinem Herzen mehr zu trauen als den wetterwendischen Tagesmeinungen und den zufälligen Emotionen. Das deutsche Wort „harren" meint eine sehr aufmerksame Haltung des Wartens. Der beharrliche Mensch läuft nicht weg, wenn er enttäuscht wird, er bleibt offen und bereit für die Begegnung mit Gott und den Menschen. Beharrlichkeit ist die Schwester des Vertrauens, denn nur, wer gelernt hat zu vertrauen, kann Rückschläge und Enttäuschungen aushalten und trotzdem bleiben. Beharrlichkeit ist in Wahrheit eine große Liebe zum Leben und der Glaube an die unerschütterliche Treue Gottes.

Das Ziel der folgenden Übungen ist es,
... nüchtern zu prüfen, ob einmal getroffene Entscheidungen noch gültig und sinnvoll sind, und sich und anderen ihre Bedeutung immer wieder neu vor Augen zu führen;

... meine Entwicklungen im persönlichen, beruflichen und gesellschaftlichen Leben auf die Frage hin zu überprüfen, ob sie meinem ethischen Wertempfinden standhalten;

... in meiner Persönlichkeitsentwicklung, aber auch in meinem Umgang mit Menschen der Verlässlichkeit einen hohen Stellenwert zu geben;

... mein Leben mit allen Dimensionen – auch das berufliche Leben – ins Gebet zu bringen und wichtige Entscheidungen im Dialog mit Gott zu treffen.

Wochenimpulse

1. Ich praktiziere die Übung des Verweilens: Wenn ich in der Natur spazieren gehe, beobachte ich sorgfältig; zum Essen nehme ich mir Zeit, ich vermeide es, gleichzeitig mehrere Dinge zu tun.

2. Ich überlege mir, welche Projekte ich außerhalb meiner beruflichen Arbeit nachhaltig angehen möchte. Beispiele: der Familie vermehrt Aufmerksamkeit schenken, die Wohnung entrümpeln, eine Sprache lernen … Ich lege die Schritte fest, die mir helfen, beharrlich dranzubleiben.

3. Ich reflektiere mein Beziehungsfeld im privaten und beruflichen Leben. Welche Hemmnisse sind da, welche Störungen sind eingetreten? Was kann ich langfristig tun, um die mir wichtigen Beziehungen lebendig zu gestalten?

4. Ich bemühe mich, meiner Gottesbeziehung eine klare und kontinuierliche Form zu geben: tägliche und wöchentliche Zeiten für Gebet und Gottesdienst, Exerzitien, geistliche Begleitung …

Bibeltexte

Lk 8,4–15
Das Gleichnis vom Sämann, der seine Samenkörner auf unterschiedlichen Boden streut, ermahnt zum bewussteren Denken und zum Handeln mit langem Atem.

Mt 7,24–27
Jesu Wort hören und tun ist wie ein solider Bau, der auch den Stürmen des alltäglichen Lebens standhält.

Mk 4,26–29
Leben und Wachstum geben ist die Sache Gottes, unsere Sache ist es, zur rechten Zeit zu säen und zu ernten.

Röm 12,9–21
Der Glaube an Christus zeigt sich in einem Leben in beharrlichem Gebet und treuer Liebe.

Wenn das Leben anders wird

Leben ist eine lebendige Sache. Dazu gehören Wechsel und Veränderungen. Und nicht nur zur Sonnenseite hin. Ich weiß das aus eigener Erfahrung, und ich erlebe das an Menschen, die in meiner Umgebung leben.

Doch wenn sie dann kommen, die Veränderungen, wenn das Leben anders wird, wie gehe ich damit um? Kann ich die Veränderungen annehmen oder wehre ich mich dagegen?

Manche fragen: Können wir uns gar auf solche Veränderungen vorbereiten?

Ja, das können wir. Nicht in dem Sinne, dass wir die Zukunft in den Griff bekommen und gegen alles geschützt sind. Aber ich kann mich anfreunden mit Veränderungen, indem ich sie mir vorstelle, bevor sie über mich hereinbrechen wie eine Flutwelle oder sich in mein Leben schleichen wie eine Raubkatze.

Die Devise: Nur nicht daran denken, Kopf in den Sand stecken – das mag vielleicht für Straußenvögel passen. Wir Menschen tun besser daran, anders mit Veränderungen und unliebsamen Wechseln umzugehen.

Mir hilft es, wenn ich mir in Gedanken vorstelle: Wie wäre es, wenn …

Ein bisschen wie Probewohnen ist das. Da betrete ich einen Raum, schaue mich um und versuche mir vorzustellen, wie sich das anfühlt, was mir gleich gefällt, woran ich mich erst langsam oder nur schwer gewöhnen könnte. Nach einiger Zeit verlasse ich den Raum wieder und weiß doch: Ganz schnell kann der Zeitpunkt kommen, dass ich mich darin einrichten muss. Aber jetzt macht mir das weniger Angst. Ich habe ja schon eine Vorstellung davon, wie das aussehen könnte.

Hilfreich ist es auch, andere Menschen wenn nicht gerade zum Vorbild, so doch als Beispiel dafür zu nehmen, wie ich mit so einer Veränderung umgehen kann – etwa wenn eine schwere Krankheit auf mich einbricht …

Eine Frau sagt: Meine Nachbarin hat es auch geschafft und kann heute wieder ihren kleinen Haushalt versorgen. Sie kann ihre Einkäufe selbst machen und einmal in der Woche geht sie in die Sauna. Das macht mir Mut, dass ich das auch packen werde.

Viele Menschen, die in Selbsthilfegruppen gehen, sagen, dass sie aus dieser Verbundenheit mit anderen Kraft schöpfen für ihren eigenen Weg.

Mir hilft auch der Gedanke, dass einer für mich bittet, mein Glaube, mein Vertrauen auf Gott möge nicht aufhören. Das erinnert an ein Versprechen, das Jesus dem Petrus gegeben hat: Ich bitte für dich, dass dein Glaube nicht aufhört. Und ich meine: Das hat Jesus nicht nur dem Petrus versprochen, das gilt allen, die es brauchen. Gerade wenn ich noch nicht weiß, was auf mich zukommt. Wie gut oder nicht gut ich damit umgehen kann. Dann ist der Anschluss an diese Kraftquelle, die wir Gott nennen, so wichtig. Das lässt mich hoffen, dass ich mit den Veränderungen fertig werde, die das Leben mir bringen wird.

Gebet

Gott, mein Leben ist oft wie ein Schiff,
das von den Wellen der Gedanken und Gefühle,
der Launen und Einflüsse hin und hergetrieben wird.
Du aber bist verlässlich.
Du gibst meinem Suchen Richtung
und meinem Gehen festen Halt.
Schenke mir den Geist der Beharrlichkeit,
dass ich treu und beständig den Weg gehe,
den du mir zeigst
und der mich zum wahren Leben führt.

Grundsätze – weniger ist oft mehr!

Klare Grundsätze, die sich unterscheiden von starren Prinzipien, sind der Boden der Beharrlichkeit: Sie geben Sicherheit und zeigen die Richtung. Ein paar einfache, aber klare Grundsätze können die Aufgabe, Menschen zu führen, wesentlich erleichtern. Dabei geht es um Grundsätze, die über das Tagesgeschäft hinaus gelten. Erfreulich ist, dass sich viele Unternehmen und Einrichtungen darum bemühen, ihre Grundwerte zu definieren und sowohl nach innen als auch nach außen zu betonen. So sprechen Firmen von ihrer Unternehmensphilosophie, soziale Einrichtungen erarbeiten ein Leitbild. Die folgenden Leitsätze für Verantwortungsträger sind so etwas wie ein Grundbestand einer unternehmerischen Philosophie, die sich an der Humanität orientiert.

1. Besser das Ganze in Blick nehmen als in allen Töpfen rühren
Um es in der Fußballersprache auszudrücken: Führungskräfte haben die Rolle des Spielführers, nicht aber des Liberos zu spielen. Es ist nicht ihre Aufgabe, „auszuputzen", wo schlecht gearbeitet wird. Ihre Sache ist es, das Ganze im Blick zu haben, Zielvorgaben zu machen und deren Umsetzung zu prüfen. Ihre Sorge gilt dem Wohl der gesamten Mitarbeiterschaft ebenso wie dem Kontakt zu den Kunden oder Klienten. Sie nehmen Leitung nach innen wahr. Das heißt, sie tragen die Verantwortung für die Zielsetzung und Gesamtstrategie der Einrichtung bzw. des Unternehmens, für ein humanes Klima, für durchdachte und sinnvolle Organisationsabläufe und Arbeits-

einteilungen, für die wirtschaftliche Vertretbarkeit von Investitionen, für die Kommunikation von oben nach unten und umgekehrt und für die Behebung von Konflikten. Sie nehmen ebenso die Leitung nach außen wahr. Dies beinhaltet die Präsentation der Einrichtung oder des Unternehmens gegenüber (Geschäfts-)Partnern, die Teilnahme an wichtigen Konferenzen und die Repräsentation in der politischen (und kirchlichen) Öffentlichkeit sowie den Medien gegenüber.

Übungen für die Praxis

- *Ich werde mich jeden Morgen fragen, was ich heute als Ziel erreichen will.*
- *Ich werde mir einen Plan für ein ganzes Jahr machen und mir meine persönlichen Ziele und die Ziele der Einrichtung bzw. des Unternehmens aufschreiben.*
- *Ich werde meine persönliche Arbeit immer wieder an den festgelegten Leitzielen messen.*

2. Besser im Team arbeiten als Einzelkämpfer sein

Das Solospiel ist die Gefahr all derer, die in Leitungsaufgaben stehen – der Chefs, Direktoren, Bischöfe, Abteilungsleiter … Sie entschuldigen sich vielleicht damit, dass sie nur am Abend und am Wochenende die Zeit haben, kreativ zu arbeiten und Neues zu entwickeln. Möglicherweise haben sie die Erfahrung gemacht, dass sie als Einzelkämpfer schneller zum Ziel kommen, während im Team alles umständlich erklärt werden muss und dann am Schluss doch nicht konsequent ausgeführt wird. In der Tat wurden nicht wenige große Betriebe, Werke und soziale Einrichtungen von Einzelnen aufgebaut. Mitunter musste sich der Genius gegen tausend „Wenn" und „Aber" seiner Mitmenschen durchsetzen und kam erst nach langem zähem Ringen zum Ziel. Und doch: Der langsame Marsch eines Teams ist kraftvoller und fruchtbarer als ein großartiger Solo-Sprint!

Übungen für die Praxis

- *Ich mache mir immer wieder bewusst, dass das, was wir gemeinsam zustandebringen, ein viel tragkräftigeres Fundament hat als meine noch so hohe Einzelleistung.*

- *Ich habe den Ehrgeiz, die Talente und Ressourcen aller in das Ganze einzubringen und fruchtbar zu machen.*

3. Besser miteinander wetteifern als gegeneinander rivalisieren

Wir vergleichen uns mit anderen. Wir rivalisieren: wer besser aussieht, besser arbeitet, mehr verdient … Rivalität ist vermutlich ein Relikt aus unserer tierischen Vergangenheit, das dem Überleben dient. Besser ist der offene Wetteifer, das ist die Bemühung, das Beste zu geben, ohne aber andere ausbooten zu wollen. Ohne gesunden Wettbewerb wäre unser Leben nicht nur sehr langweilig, es gäbe auch keinen Ansporn, sich ins Zeug zu legen und sich zu verbessern. Das wäre der Tod eines jeden Unternehmens.

Übungen für die Praxis

- *Ich werde anderen zugestehen, dass sie anders sind, anders denken, anders fühlen, anders leben, anders arbeiten, anders feiern als ich.*

- *Ich werde ihnen zugestehen, dass sie gut sein wollen und mit mir und anderen wetteifern.*

- *Ich werde es aufgeben, andere ändern zu wollen. Ich werde nur an mir selbst arbeiten und versuchen, mich zu ändern.*

4. Besser offen miteinander umgehen als versteckt gegeneinander intrigieren

Wo Menschen leben, stoßen sie zusammen. Meist geschieht dies ohne Absicht. Der Traum von einer harmonischen Arbeitsgemeinschaft ist genauso illusionär wie der Traum von einer konfliktfreien Ehe. Mit den Verletzungen der Seele ist es wie mit den Verletzungen des Körpers: Sie können heilen, wenn wir offen damit umgehen. Und ausgeheilt können die einstigen Brüche tatsächlich zur besonderen Stärke von Beziehungen werden. Deswegen müssen Führungskräfte dort, wo in Teams und Arbeitsgemeinschaften mit versteckten Intrigen, Hassparolen und Mobbing gearbeitet wird, energisch einschreiten. Sie müssen Klärungs- und Versöhnungsprozesse vorrangig begleiten.

Übungen für die Praxis

- *Ich werde Verletzungen weder verdecken noch hinunterschlucken, ich werde offene Gespräche suchen. Dabei werde ich Schuldzuweisungen vermeiden und stattdessen meine Erwartungen aussprechen.*

- *Ich werde Maßnahmen ergreifen und unterstützen, in denen Missverständnisse aufgedeckt werden, Mitarbeiterinnen und Mitarbeiter sich offen aussprechen und eine neue Basis der Zusammenarbeit suchen.*

5. Besser ehrlich miteinander streiten als einen faulen Frieden hüten

Bis heute sind viele Menschen der Meinung, streiten sei unanständig. Sie reden dem „lieben Frieden" das Wort und ernten dabei oft den „faulen Frieden". Wer Konflikte vermeidet, glaubt vielleicht, die Kolleginnen und Kollegen zu schonen. Die Mitarbeiterschaft verdient aber keine Schonung, sie verdient Respekt. Es ist ebenso lieblos, einen Konflikt totzuschweigen, wie auszurasten und andere anzuschreien. Nur wer sich auseinandersetzt, kann sich auch wieder zusammensetzen.

Übungen für die Praxis

- *Ich werde mich darin üben, ehrlich zu streiten. Ich will den Mut aufbringen, im Streit anstatt Recht zu behalten, meine Gefühle – auch mein Verletztsein – zu zeigen.*

- *Ich werde mich mit anderen respektvoll auseinandersetzen und im Gespräch neues Vertrauen aufbauen.*

6. Besser ständige Weiterbildung als geistiger Stillstand

Alles menschliche Leben basiert auf geistigem Fortschritt. „Der Geist macht lebendig", schreibt Paulus im zweiten Korintherbrief (2 Kor 3,6). Geistige Lebendigkeit ist für einen Betrieb ebenso notwendig wie für eine Familie oder ein Kloster. Es ist notwendig, dass wir miteinander über wichtige Fragen der Zeit reden. Es ist notwendig, dass wir uns über unsere gemeinsamen Werte verständigen. Der geistige und kulturelle Standard der Mitarbeiterinnen und Mitarbeiter prägt das Niveau des Umgangs miteinander, die Verantwortlichkeit und die Arbeitsleistung.

Übungen für die Praxis

- *Ich werde mich um die Weiterbildung der Mitarbeiterinnen und Mitarbeiter kümmern.*
- *Ich bin nicht damit zufrieden, dass meine Mitarbeiterinnen und Mitarbeiter sich nur beruflich weiterbilden, ich will ihnen auch die Chance geben, ihre geistigen und kulturellen Kräfte zu aktivieren.*
- *Ich achte auf ein gemeinsames Werteverständnis, was unsere Dienstgemeinschaft angeht.*

7. *Besser klare Absprachen treffen als verwirrende Halbinformationen geben*

Ein Kloster, eine Gemeindeverwaltung oder ein Betrieb „funktioniert“ nur dann, wenn Abläufe und Kompetenzen möglichst exakt miteinander abgestimmt werden. Dass wir heute Wert legen auf möglichst große Selbstständigkeit, ist ein wirklicher Fortschritt. Je selbstständiger Menschen denken und arbeiten, umso mehr bedarf es der gegenseitigen Information und Kommunikation, damit aus Selbstständigen nicht Individualisten werden. Darum sorgen gute Vorgesetzte für gute Absprachen.

Übungen für die Praxis

- *Als Vorgesetzter lege ich Wert auf die Kultur der klaren Absprachen. Ich bin mir bewusst, dass die Mitarbeitenden sehr genau schauen, ob ich mich selbst an Absprachen halte.*
- *Ich fordere die Einhaltung von Absprachen von meinen Mitarbeiterinnen und Mitarbeitern ein und rege sie dazu an, ihre Kolleginnen und Kollegen über alles zu informieren, was ein fruchtbares Miteinander am Arbeitsplatz erfordert.*
- *Ich sorge für die Kultur der Diskretion in unserer Dienstgemeinschaft und dafür, dass Personen und Daten geschützt werden.*

Echtheit

Masken ablegen und zeigen, wer wir sind.

Einstieg

Die Tugend der Echtheit hat nicht die beste Konjunktur heutzutage. Menschen, die auch dann sagen, was sie denken, wenn sie Nachteile zu erwarten haben, werden von ihren Zeitgenossen leicht als undiplomatische Dummköpfe eingestuft. Dabei ist Echtheit etwas ganz anderes als Prinzipienreiterei, ja sie ist noch weit mehr als Ehrlichkeit und Wahrheitsliebe. Echt oder authentisch sind Menschen, die einerseits ein natürliches und nicht aufgeblasenes Selbstbewusstsein besitzen. Sie pochen nicht auf ihre Rechte, auf ihre Titel und Erfahrungen, aber sie gehen mit offenem Visier ins Leben und begegnen anderen direkt und ungeschützt. Mir fällt das Wort Jesu aus der Bergpredigt ein: „Selig, die ein lauteres Herz haben, denn sie werden Gott schauen“ (Mt 5,8). Lauter und echt ist, wer nicht sich selbst – seinen Eigennutz, sein Image, seine Vorteile und seine Vorurteile – zum Maßstab für sein Denken, Reden und Tun macht, lauter und echt ist, wer sich öffnet für die Wahrheit, für die Liebe, für Gott.

Das Ziel der folgenden Übungen ist es,
... immer mehr das Tun an den Worten, die Worte am Denken und das Denken am Sein auszurichten;

... in natürlicher Bescheidenheit und mit einem lauteren Selbstbewusstsein aufzutreten, so dass Menschen wissen, woran sie sind, und darum den Mut haben, sie selbst zu sein;

... mit Lob und Kritik gleichermaßen offen umzugehen. Es soll wahrhaftig sein, was ich sage, es soll Menschen weder bevorzugen noch benachteiligen;
... im Gebet immer mehr in die Gestalt Jesu hineinzuwachsen und so zu dem Menschen zu werden, den Gott sich gedacht hat.

Wochenimpulse

1. Ich überprüfe am Abend eines jeden Tages meine Gespräche: Was wollte ich sagen? Welche Motive waren bei meinen Aussagen im Spiel? Hatte ich ehrliche Absichten? War das, was ich gesagt habe, meine wirkliche Überzeugung?

2. Ich versuche, in persönlichen und in beruflichen Gesprächen möglichst klar und einfach zu reden. Ich versuche, die taktischen Windungen zu vermeiden. Ich gebe meinen Gesprächspartnern die Chance, mir gleichwertig zu begegnen.

3. Ich besinne mich auf die Grundausrichtung meines Lebens: Was will ich sein, darstellen, bewirken? Wer bin ich vor Gott? Was ist mir für den Rest meines Lebens wichtig?

4. Kriterien für meine Echtheit sind nicht zuletzt mein Körper und meine Gefühle. Ich frage meine Gefühle, ob die Tiefenschicht meiner Gedanken, Absichten und Aussagen stimmig ist. Ich frage meinen Körper, ob er mit meiner Lebenshaltung in Einklang steht.

Bibeltexte

Spr 12,17–26
Die Wahrheit aussprechen, ohne verletzen zu wollen oder auf Böses zu sinnen, das ist es, was den echten und im Sinn der Bibel gottesfürchtigen Menschen auszeichnet.

Ps 119,140–149
Der Beter erinnert sich an die Lauterkeit der Gottesworte, an ihnen orientiert er sich und findet auch in der Not wahren Trost.

Mk 12,13–17
Jesus durchschaut die Heuchelei seiner Gegner, die von der Wahrheit sprechen, aber Lüge im Sinn haben. Er setzt ihnen entgegen: „Gebt dem Kaiser, was dem Kaiser gehört, und Gott, was Gott gehört!“

Eph 4,14–15
Wahrheit, von der Liebe geleitet, gibt dem Menschen Sicherheit im Spiel der Leidenschaften und im Widerstreit der Meinungen.

Bedenktext

Vorwärts und rückwärts

Man muss das Leben vorwärts leben, verstehen kann man es nur rückwärts, sagte der große Theologe Søren Kierkegaard.

Wer ein bisschen Lebenserfahrung gesammelt hat, der weiß, dass das stimmt. Ich kann nicht alles im Voraus festlegen und planen. Ich kann vorausdenken und mir vorstellen, wie was werden könnte. Aber es bleibt immer eine ganze Menge, was ich nicht voraussehen kann, was sich nicht berechnen lässt, nicht vorplanen. Ein Rest Unvorhergesehenes – mal größer, mal kleiner.

So wie es der Spruch auf den Punkt bringt: Erstens kommt es anders und zweitens als man denkt.

Beim Rückblick auf ein Geschäftsjubiläum sagt der Inhaber des Unternehmens: Ich weiß nicht, woher wir vor 25 Jahren den Mut nahmen, an den Start zu gehen. Natürlich haben wir gerechnet, haben die Risiken kalkuliert ... und den Bedarf ins Auge gefasst. Aber wir konnten beim besten Willen nicht einschätzen, dass wir solchen Erfolg haben werden. Allerdings war da noch etwas anderes, fügt er nachdenklich hinzu, irgendwo gab es in mir eine Stimme: Das ist deine Gabe. Dann ist es auch deine Aufgabe. Das musst du tun.

Kann sein, das hört sich nach Idealfall an. Und Sie sagen, bei mir ist das ganz anders. Da will ich nicht widersprechen. Auch in meinem Leben war nicht immer alles so klar. Es gab manchen Umweg. Manche Warteschleife. – Dennoch ging der Weg immer weiter.

Vorwärts leben. Weitergehen, auch wenn das Gelände schwierig wird. Vielleicht wie Bonhoeffer zugeben: Gott, ich verstehe deine Wege nicht, aber du weißt den Weg für mich. Und hoffen, auch wenn ich heute nicht sehe, wozu, und mir keinen Reim darauf machen kann, warum manches so geworden ist.

Rückwärts verstehen. Eines Tages werde ich verstehen, warum manche Türen verschlossen blieben, durch die ich gerne gegangen wäre. Die Bibel macht mir Hoffnung, dass ich einmal erkenne, Klarheit bekomme über Dinge, die ich jetzt nicht verstehe.

Und du, Gott, wirst mir zeigen und mich erkennen lassen, welche anderen Türen du mir geöffnet hast. Und vielleicht wirst du mir auch sagen, warum du mir manche Tür geöffnet hast, an die zu klopfen ich niemals gewagt hätte.

So lange heißt es im Vertrauen weitergehen, eben vorwärts leben und hoffen, dass auch das andere kommt, nämlich: rückwärts verstehen.

Gebet

Mein Gott,
wenn du die Mitte meines Lebens bist,
um die ich mich drehe,
dann verliere ich mich nicht in Banalitäten,
dann versinke ich nicht
im Morast der Lügen und Halbwahrheiten.
Wenn ich mich ausrichte an deinen Geboten,
dann finde ich zu meiner Wahrheit,
dann wird mein Wesen einfach und transparent.
Lass mich Gefallen finden an der Wahrheit,
die größer ist als ich selbst,
und mache mich immer mehr Christus ähnlich,
der selbst die Wahrheit ist.

Die richtigen Fragen stellen

Mir geht es so: Ob ein Mensch echt ist, geradeheraus, ehrlich – das merke ich eher daran, welche Fragen er stellt, als daran, welche Antworten er gibt. Fragen sind oft wie Fenster, durch die wir die Lauterkeit einer Person spüren können. Fragen bringen in Bewegung, wecken auf und klären undurchsichtige Sachverhalte. Fragen sind der Anfang aller großen geistigen Bewegungen. Für Menschen in Leitung gibt es ein paar Grundfragen, die für das Gelingen ihrer Aufgabe entscheidend sind.

1. Frage zuerst: „Für wen?", und erst dann: „Was tun?"
Unsere Arbeit leidet oft darunter, dass wir vieles mit einem hohen Maß an Kompetenz und Engagement tun, aber das Ziel nicht genug im Auge haben. Selbst eine sehr einfache Arbeit wie Tellerwaschen oder Aufräumen kann mir Freude machen, wenn ich mir dabei eine schön gedeckte Tafel oder zufriedene Gäste vorstelle. Nur wenige Menschen können die ihnen vorgegebenen Arbeitsbedingungen selbst bestimmen, aber wir alle können unsere Einstellung zu unserer Arbeit selbst bestimmen. Wenn wir in unserer Arbeit eine Perspektive zu entdecken versuchen, wenn wir über das augenblickliche Tun hinaus eine Bestimmung suchen, dann öffnen sich bisher verschlossene Tore und die Arbeit bekommt einen Sinn. Wir können uns ja doch wenigstens vor Augen halten, dass der Sinn unserer Arbeit nicht zuletzt darin besteht, unseren Lebensunterhalt zu verdienen, eine Familie zu ernähren, eine Reise zu finanzieren …

Übungen für die Praxis

- *Ich werde in Zukunft weniger die Aktion (was soll ich tun?) als vielmehr das Projekt (für wen und für was mache ich dies?) in den Vordergrund stellen.*

- *Ich werde jeden Morgen vor dem Arbeitsbeginn eine Minute damit verbringen, mir die Menschen vorzustellen, für die ich arbeite.*

2. Frage zuerst: „Was will ich?", und erst dann: „Wie geht das?"

Bei genauem Hinsehen stellen wir fest, dass unser Arbeiten sehr oft „methoden-fixiert" ist. Wir fragen: Wie mache ich das und jenes am besten? Wie werde ich mit meiner vielen Arbeit fertig? Wie muss ich eine Präsentation gestalten, dass sie anspricht? Wie überzeuge ich meine Kunden? Ein Vorgesetzter ist dann gut, wenn er über die perfekte Organisation seines Betriebs und die optimale Erledigung des Tagesgeschäftes hinaus sich und seinen Mitarbeiterinnen und Mitarbeitern langfristige Ziele setzt. Wenn Mitarbeitende über die Zielsetzungen eines Unternehmens unterrichtet sind und die großen Zusammenhänge erkennen können, arbeiten sie mit mehr Freude und in größerer Selbstständigkeit.

Übungen für die Praxis

- *Ich werde nicht zuerst nach der Methode (wie geht das?), sondern nach der Perspektive (mit welchem Ziel/zu welchem Zweck mache ich dies?) fragen.*

- *Ich werde meine Ziele mit anderen abklären und sie meinen Mitarbeiterinnen und Mitarbeitern kommunizieren.*

3. Frage zuerst: „Wie können wir es besser machen?", und erst dann: „Wie haben wir es bisher gemacht?"

Querdenker sind meist unbeliebt. Dabei macht doch das „Quer- oder Anders-Denken" oft den Blick frei für ganz neue und ungeahnte Möglichkeiten. Die großen Geister der Geschichte – man denke an Einstein – sind bekanntlich Querdenker gewesen. Und die meisten Erfindungen waren Produkte des „Ich-versuche-es-einmal-ganz-anders." „Wandelt euch durch ein neues Denken!", sagt der Völkerapostel Paulus im Römerbrief (Röm 12,2). Sein Widerspruch gegen das provinzielle Denken der ersten Apostel ist der Grund, warum das Christentum zu einer Weltreligion wurde und nicht auf den jüdischen Kulturkreis beschränkt blieb. Glaube im Sinn des Neuen Testamentes bedeutet, sich nicht zu fixieren auf das Feststehende, sondern sich einzulassen auf die Möglichkeiten Gottes, die weit größer sind als unsere Möglichkeiten.

Übungen für die Praxis

- *Ich glaube an meine kreativen Fähigkeiten und lege meine Fantasie und meine Träume nicht an die Kette des „Das geht doch nicht!"*

- *Ich traue mir zu, dass ich in der Kraft meines Geistes Neues denke und meinem Unternehmen, meiner Einrichtung eine besondere Note geben kann.*

4. Frage zuerst nach deinen Mitarbeiterinnen und Mitarbeitern und erst dann nach dem, was sie tun

In Managementkreisen hat sich in den letzten 20 Jahren vieles im Sprachstil und in der Zielsetzung geändert. Führungskräfte in Unternehmen und Einrichtungen suchen nach der Verbesserung der kommunikativen Strukturen und nach der Pflege des „Humankapitals". Im Denken wirklich fortschrittlicher Direktoren und Manager steht heute mehr der Mensch als Ganzer im Vordergrund als nur seine Arbeitskraft. Ein Großteil der heutigen Managergeneration hat sich zur Aufgabe gesetzt, Sinnziele zu definieren und Beziehungen zu pflegen. Ein wirklicher Erfolg, der sich auch in der Arbeitsleistung der Mitarbeitenden niederschlagen wird.

Übungen für die Praxis

- *Ich versuche, meinen Leitungsstil an humanen Grundsätzen auszurichten.*
- *Ich lege großen Wert auf gute Beziehungen zu meinen Mitarbeiterinnen und Mitarbeitern und fördere auch deren Beziehungen untereinander.*

5. Frage zuerst: „Was ist wichtig?", und erst dann: „Was ist dringend?"

Viele Frauen und Männer, die Leitungsaufgaben wahrnehmen, haben am Ende eines Tages das Gefühl: Heute habe ich nur Feuerwehr gespielt. Es gab eine Katastrophenmeldung nach der anderen, ich wurde von wichtigen Aufgaben weggerufen, um das zu tun, was sich mit großem Geschrei nach vorne gedrängt hat. Und dann musste ich feststellen, dass es in Wirklichkeit gar nicht so wichtig, vielleicht sogar nur ein „Sturm im Wasserglas" war. Ich habe mich durch die Aufgeregtheit und Wichtigtuerei einiger in Bedrängnis bringen lassen.

Ja, es ist tatsächlich so, dass vieles von dem, was wir als „dringend" einstufen, in Wirklichkeit nur „heiße Luft" ist, die sich schnell wieder abkühlt. – Die großen geistlichen Lehrer der christlichen Tradition sprechen von der

„Gabe der Unterscheidung“, die ein Mensch, der sich auf einen geistlichen Weg macht, entfalten und üben kann. Oft können wir nur im Nachhinein unterscheiden und wir sind ja auch dann noch froh, wenn sich eine bedrohliche Wolke geräuschlos verzogen hat. Wie kann ich im Vorhinein unterscheiden, was wirklich wichtig und was nur dringend ist, was ich selbst tun muss und was ich delegieren kann?

Übungen für die Praxis

- *Ich frage mich bei unerwarteten Ereignissen: Muss jetzt sofort gehandelt werden oder ist es besser, „eine Nacht darüber zu schlafen“? Muss ich selbst in die Bresche springen oder gibt es dafür jemanden, dem ich das Problem zur Lösung in die Hand geben kann?*

- *Ich bleibe in der Regel bei den wirklichen Leitungsaufgaben, die für mich wichtig sind und in denen die großen Ziele definiert und die entscheidenden Grundfragen abgearbeitet werden.*

Gerechtigkeit

Allen Menschen gönnen und ermöglichen,
was gut für sie ist.

Einstieg

Jedes menschliche Recht ist abhängig von den Systemen und Umständen, in denen wir leben. Und damit von den Menschen, mit denen wir leben. Es stimmt also: Es gibt keine letzte Gerechtigkeit auf dieser Welt.

Wenn wir von der Gerechtigkeit als einem geistlichen Grundwert sprechen, dann geht es nicht um eine gesellschaftliche Ordnung, sondern um unsere persönliche Einstellung, die sensibel sein sollte für die berechtigten Bedürfnisse unserer Mitmenschen und die mutig Position für sie bezieht. Gerechtigkeit ist ein geistlicher Grundwert, weil sie nicht zuerst eine Frucht der Einsicht oder ein Ergebnis geschickten Verhandelns ist. Sie wird vielmehr aus jenem Geist geboren, den uns Jesus Christus geschenkt hat.

Unsere Aufgabe ist es, unser Gewissen zu entwickeln und es in einem geistlichen Prozess auf Gottes Gerechtigkeit auszurichten. Unsere Aufgabe ist es, die eigenen Urteile kritisch abzuklopfen und zu läutern von negativen Motiven: Neid, Rachegefühle, Egoismus und Bevorzugung. Unsere Aufgabe ist es, uns in die Gerechtigkeit Jesu einzuüben, sie sozusagen zur Denkweise und Richtlinie zu machen. Dies geschieht nicht zuletzt im Gebet und in der Meditation.

Das Ziel der folgenden Übungen ist es,
... meine eigene Gerechtigkeit zu relativieren und der Gerechtigkeit Gottes immer mehr Raum zu geben;

... die Perspektive Jesu, die von Machtverzicht und Gewaltfreiheit bestimmt ist, zur Perspektive meines Handelns zu machen;
... sensibel zu werden für das Gerechtigkeitsempfinden meiner Mitmenschen und meine Stimme zu erheben, wo die Gerechtigkeit mit Füßen getreten wird;

... auf jede Form von Rechthaberei zu verzichten und den Mut zum offenen Dialog aufzubringen.

Wochenimpulse

1. Nach wichtigen Begegnungen prüfe ich die Motive, die mein Denken, Reden und Handeln bestimmt haben. War ich uneigennützig und am Wohl aller orientiert?

2. Ich mache mir die Übung des „inneren Blickwechsels" zur Gewohnheit. Dabei versuche ich, in Gedanken in die Rolle anderer zu schlüpfen, ihre Sichtweise, ihre Erfahrungen, ihre Ängste und Motive mir zu Eigen zu machen.

3. An welche Szenen im Evangelium lässt mich das Wort von der „Gerechtigkeit Jesu" denken? Was fasziniert mich daran, was befremdet mich? Wozu bewegt mich sein Verhalten?

4. Ich schärfe meinen Blick für ungerechte Strukturen in meiner näheren Umgebung; ich suche das Gespräch mit den Betroffenen.

Bibeltexte

Jes 11,1–10
Der Prophet kündet den Messias an, dessen Kommen eine neue Gerechtigkeit bringt und der die Menschen zu einem humanen Denken und Tun anregen wird.

Dan 13,1–64
Die Erzählung von der Rettung der Susanna durch die mutige Entlarvung verbrecherischer Elemente zeigt Daniel als einen wahren Propheten und Visionär vom Anbrechen des Reiches Gottes.

Mt 5,3–12
Die Seligpreisungen des Evangeliums sind die Magna Charta einer neuen Welt, in der die Gerechtigkeit Gottes herrschen wird. In ihrer radikalen Forderung ist sie für Christen aller Zeiten Provokation und Kraftquelle zugleich.

Mt 6,1–4
Gerechtigkeit ist nicht laut und bedarf nicht des Beifalls der Welt. Es genügt ihr, gut zu sein und Gutes zu tun.

Wer kriegt was?

Wer kriegt was?, fragt die Bedienung mit einem Tablett voller Getränke. – Die Cola für mich. – Das Radler zu mir. – Spezi hier. – Für mich das große Bier. – Und das Pils für mich. – Am Schluss ist ihr Tablett leer. Jeder hat, was er bestellt hat, und ist zufrieden.

Wer kriegt was? Diese Frage ist zu stellen, nicht nur in der Kneipe oder im Gasthaus, sondern in Kirchen und Organisationen und überall, wo es Menschen darum geht, dass Frieden und Gerechtigkeit sich ausbreiten auf unserer Erde.

Wer kriegt was? Und es geht dabei nicht um Spezi, Pils oder Radler. Es geht um viel mehr. Es geht um die Frage: Wie werden die Güter dieser Erde verteilt – und wie müssten sie verteilt werden, dass alle bekommen, was sie zum Leben brauchen? Dass sie Brot oder Reis zu essen haben, sauberes Wasser zu trinken, dass ihre Kinder in die Schule gehen können und ihre alten Eltern zum Arzt. Es geht um die gerechte Verteilung der Güter dieser Erde, von der Christen sagen: Gott hat sie gemacht, sie ist seine Schöpfung.

Du bekommst nichts mehr. Die anderen Kinder hatten noch gar nichts von der Schokocreme und du bist nun schon zum dritten Mal da. – Enttäuscht, aber nicht ohne Einsicht, zieht der kleine Marco von dannen. Stimmt schon, was Ute, seine Erzieherin, sagt. Er hatte schon zwei Portionen von dieser köstlichen Schokocreme. Andere Kinder hatten noch gar nichts. – Und wo es keine Ute gibt und auch sonst keinen, der aufpasst, da kann es sein, dass die einen immer mehr nehmen, viel mehr, als sie brauchen und ihnen guttut, und für die anderen reicht es nicht einmal zum Allernötigsten.

Als ich mit Jugendlichen über gerechte Verteilung sprechen will, spüre ich zuerst: Das ist nicht ihr Thema. Nein, sie wollen auch nicht, dass Menschen total arm sind, aber sie haben nichts zu verteilen, sie sind keine Fachleute in Sachen Wirtschaft. Und überhaupt, was hat das mit ihnen zu tun? – Bis wir auf die Jeans kommen. Jeans-Hosen, wie sie jede und jeder trägt. Wie wird da verteilt? Wer kriegt da was?

Wir gehen ganz praktisch vor. Legen eine Hose auf den Tisch und teilen sie in zehn gleich breite Streifen ein. Vom Bund abwärts. Mit Kreide ziehen wir die Linien. Stellt euch vor: fünf Streifen, also die Hälfte, das ist der Gewinn der Firma. Die restlichen fünf Anteile sind für Werbung und Transport und für den Stoff und die Knöpfe und den Reißverschluss, den darf man nicht vergessen. Und was kriegt die Näherin?

Wir suchen nach dem Anteil, den die Frau bekommt, die die Hose näht, irgendwo in Bangladesh oder Sri Lanka. Und wir können es kaum glauben: Sie bekommt den zehnten Teil vom letzten Streifen.

Steffen, unser Bester in Sachen Zahlen, bringt es auf den Punkt. Das heißt doch: Wenn ich eine Jeans für 50 Euro kaufe, dann bekommt die Frau, die sie näht, gerade mal 50 Cent. Bei einer für 25 Euro sind das 25 Cent. Das darf doch nicht wahr sein. Das ist doch nicht recht, nicht gerecht, dass die so wenig kriegt.

Recht haben sie, die Jugendlichen und alle, die mit ihnen nachdenken und fragen: Wer kriegt was? Ich hoffe, viele machen mit. Sie auch?

Gebet

Guter Gott, ich spreche so viel von Gerechtigkeit
und denke dabei doch oft nur an mein Recht.
Ich suche nach der Gerechtigkeit, die in dir gründet.
Lenke meine Gedanken zu dir, läutere mein Empfinden
und schärfe mein Gewissen,
dass ich immer mehr hineinwachse in die Gestalt Jesu,
der begonnen hat, dein Reich aufzubauen.
Dort werden wir jene Gerechtigkeit finden,
die uns zur vollendeten Liebe erlöst.

Die Kunst der Gesprächsführung

Recht und Gerechtigkeit beginnen im Denken und Reden. Wer das Gefühl äußert, gerecht behandelt zu werden, baut dieses Gefühl meist auf die Erfahrung, verstanden und angenommen worden zu sein. Die Kunst, Menschen im Sinn der Gerechtigkeit zu leiten, ist wesentlich eine Kunst der Gesprächsführung. Und diese Kunst bedarf der besonderen Übung und Aufmerksamkeit.

Ein Mitarbeitergespräch ist zuerst eine Form der zwischenmenschlichen Kommunikation, die sachliche Information ist im wahrsten Sinn des Wortes zweitrangig. Die Chance, dass das, was Verantwortliche sagen wollen, auch wirklich ankommt, hängt wesentlich von der Beziehung ab, die zuvor aufgebaut wurde. Dabei darf es nicht um die Perfektionierung von Strategien gehen (selbst einfache Mitarbeiter/-innen durchschauen schnell, was die eigentliche Absicht eines Gespräches ist), sondern um wirkliche Wertschätzung der Person, mit der ich spreche.

1. Das Setting

Der Raum und die Zeit sowie die äußeren Umstände, unter denen ein Gespräch stattfindet, sind wichtig. Wenn es um Kritik an der Verhaltensweise oder an der Arbeitsleistung von Mitarbeiterinnen und Mitarbeitern geht, dann ist es eine Beleidigung für die Betroffenen, wenn solche Gespräche auf dem Flur stattfinden oder zwischen zwei Termine gepresst werden. Ein Gespräch, das für einen anderen Menschen von existentieller Bedeutung ist, braucht einen geschützten Raum, in dem niemand stört.

Übungen für die Praxis

- *Ich lasse meine/-m Gesprächspartner/-in am Tisch Platz nehmen und setze mich so, dass zwischen uns ein guter Blickkontakt möglich ist. Ich stelle das Telefon ab und bitte die Sekretärin, keine Störungen zuzulassen.*
- *Ich sage zu Beginn, wie viel Zeit ich für das Gespräch habe, worum es geht und welches Ziel ich anstrebe (z. B. eine Vereinbarung über künftige Verhaltensweisen).*
- *Wenn es sich um ein Problemgespräch handelt, in dem ich eine Lösung suche, lade ich meine/-n Gesprächspartner/-in schon zu Anfang ein, mitzudenken, um gemeinsam zu suchen.*
- *Ich schildere die mir bekannte Sicht der Dinge und gebe dann der Gesprächspartnerin/dem Gesprächspartner die Möglichkeit, Stellung zu beziehen.*

2. Der Augenkontakt

An den Augen der Gesprächspartnerin/des Gesprächspartners können wir in der Regel ablesen, wo sie/er innerlich steht. Wenn sich Menschen an etwas erinnern oder über etwas nachdenken, schauen sie nach oben. Wenn sie sich unsicher und persönlich getroffen fühlen, bewegen sie ihre Augen stark hin und her. Bei akustischen Wahrnehmungen schauen sie in die Mitte, und nach unten sehen sie, wenn sie emotional stark bewegt werden.

Übungen für die Praxis

- *Ich mache es mir zur Regel, eine Gesprächspartnerin/einen Gesprächspartner nicht zu unterbrechen, solange das Augensuchmuster läuft.*

- *Ich gebe ihr/ihm genügend Zeit, um zu suchen und zu Ende zu denken. Sobald sie/er die Augen anhebt, ist das innere Selbstgespräch abgeschlossen.*

- *Ich merke mir Sätze und Themen, bei denen die Augen stark in Bewegung sind, weil es hier um Schlüsselerfahrungen und um Schlüsselbotschaften geht.*

3. Die nonverbale Gesprächsebene

Gesprächspartner gleichen sich im Lauf eines Gesprächs in ihren nonverbalen Äußerungen (Körperhaltung, Lautstärke, Mimik usw.) einander an. Sie spiegeln sich sozusagen gegenseitig – meist ohne es zu merken. Aufmerksame Therapeutinnen und Therapeuten, Seelsorgerinnen und Seelsorger nutzen dieses Faktum, um sich zum einen ganz auf ihre Gesprächspartner einzulassen und sie sozusagen in ihrer Stimmungslage abzuholen, um aber dann in einem zweiten Schritt aktiv die Grundeinstellung und Stimmung der Gesprächspartner positiv zu beeinflussen. Um die nonverbale Sprache zu deuten und zu lenken, sind folgende Schritte hilfreich:

Übungen für die Praxis

- *Ich nehme die Körperhaltung (Arme, Beine, Wirbelsäule ...), die Gestik und Mimik, den Blick und die Stimme meines Gegenübers gut wahr. Ich signalisiere Verständnis und Akzeptanz.*

- *Ich versuche im Lauf des Gesprächs, meine nonverbale Ausdrucksweise (Körperhaltung, Gestik und Mimik, Blick, Stimme) so zu gestalten, dass dadurch Zuversicht und Hoffnung zum Ausdruck kommen (ich achte auf aufrechte Haltung, spreche mit frischer Stimme, reagiere mit freundlichem Gesicht, unterstreiche meine Worte mit einladenden Gesten usw.).*

- *Ich kann mit hoher Wahrscheinlichkeit erwarten, dass sich mein/-e Gesprächspartner/-in nach einer gewissen Zeit davon beeinflussen lässt. Mit der Haltung, Sprache und Mimik werden sich auch Gemütszustand, Gedanken und Einstellungen verändern. Dann kann ich sie/ihn auf die positive Seite des Konflikts sowie auf die Ressourcen, die in ihr/ihm stecken, ansprechen.*

4. Das Konfliktgespräch

Zum Pensum von Führungskräften gehören auch Konfliktgespräche. Dabei kann es nicht allein darum gehen, Fehlverhalten festzustellen und Sanktionen auszusprechen. Die Kunst der Menschenführung liegt darin, Mitarbeiterinnen und Mitarbeiter zu positiven Veränderungen ihrer Einstellungen und ihres Verhaltens zu motivieren. Besser als negative Vorsätze sind positive Ziele, die höhere Lebensqualität beinhalten. – Beispiel: Ein Mitarbeiter ist durch hohen Alkoholgenuss aufgefallen. Im Gespräch formuliert er seinen Vorsatz und sagt: „Ich will nicht mehr trinken, weil es meiner Gesundheit schadet und weil ich damit meinen Arbeitsplatz gefährde." Vermutlich wird eine solche Formulierung nicht weit helfen, weil sie negativ formuliert ist. Anders eine positive Formulierung, etwa: „Ich werde mir in Zukunft alkoholfreie Drinks mixen, die ich gerne mag. Ich werde wieder Fußball spielen, weil es mir Spaß macht und um meine Fitness zu trainieren."

Übungen für die Praxis

- *Ich versuche, die Grundeinstellung zu erspüren, die hinter den Verhaltensweisen einer Mitarbeiterin/eines Mitarbeiters liegt, und herauszufinden, woher diese Einstellungen kommen bzw. welche tieferen Ursachen sie haben.*

- *Ich achte auf die Randbemerkungen und Nebensätze, weil die Hintergründe eines Verhaltens oft auch den Betroffenen nicht bewusst sind und eher „nebenbei" zum Ausdruck kommen.*

- *Wenn es uns im Gespräch gelingt, negative Grundeinstellungen bewusst zu machen und einen Ansatz zur Veränderung zu finden, dann kann ein solches Gespräch der Anfang einer sehr positiven und fruchtbaren Zusammenarbeit sein.*

- *Bei der Umpolung der negativen Grundeinstellung ist es mir wichtig, diese nicht negativ zu bekämpfen, sondern durch positive Einstellungen zu ersetzen.*

5. Auf den Punkt gebracht

Am Ende eines Gesprächs muss ein Ergebnis stehen, das als solches auch formuliert und (wenn möglich schriftlich) festgehalten wird. Ohne definiertes Ergebnis bleiben Gespräche unverbindlich und werden schnell verpuffen. Als Verantwortliche/-r kann ich mich später nur dann darauf berufen, wenn klare Vereinbarungen getroffen wurden.

Übungen für die Praxis

- *Ich werde am Ende eines Gespräches zunächst die Mitarbeiterin/den Mitarbeiter fragen: Worin sehen Sie das Ergebnis dieses Gespräches und was wollen wir festhalten?*

- *Ich werde dann meine eigenen Erwartungen äußern. Ich werde eine Art Vereinbarung formulieren. Ich werde Ziele benennen, die konkret und nachprüfbar sind. Ich werde Termine benennen, bis zu denen die Ziele umgesetzt werden.*

Gottvertrauen

Sich auf den innersten Grund verlassen.

Einstieg

Im Wort „Vertrauen“ entdecke ich das Wort „Treue“. Lange bevor wir Gott vertrauen, birgt er uns in seiner Treue. Freilich ist diese Treue kein Besitz, den wir in einem Tresor deponieren könnten, sie ist eher ein wogendes Netz, das sich unter den waghalsigen Bewegungen unseres Lebens ausbreitet.

So verstanden ist Vertrauen – auch und gerade das Vertrauen auf Gott – das Gegenteil von Stillstand und gelähmter Ergebenheit, es ist eine Suchbewegung. Wer Gott vertraut, tut einen entschiedenen Schritt nach vorne. Man kann es an der Geschichte ablesen: Die wirklichen Vertrauenskünstler in der Arena Gottes, die großen Heiligen, waren Menschen, die wagemutig Neues riskiert und initiiert haben.

Wenn ich mich immer wieder in die lebendige Zwiesprache zu Gott vorwage, ihn aufsuche, ihn im alltäglichen Geschehen entdecke und begrüße, werde ich mir dieser Treue von Tag zu Tag gewisser. Ich werde auf dem Hochseil des Alltags Selbstsicherheit gewinnen und mutige Schritte tun, weil mein Sinn nach ihm steht, der mich unendlich liebt.

Das Ziel der folgenden Übungen ist es,
... der Angst ins Auge zu schauen – der Angst vor Gott, vor den Menschen, vor der Arbeit – und sie als zu mir gehörig anzunehmen;

... dem Zwang zu widerstehen, alles selbst und alles perfekt machen zu müssen, vielmehr zu lernen, mit Fehlern zu leben und zu vertrauen, dass Gott an meinem Lebenswerk als der wahre Künstler mitwirkt;
... in der Gefolgschaft Jesu Gott nicht als den strengen Richter, sondern als den liebevollen Vater kennenzulernen, der um mich weiß und der mein Bestes will;

... die kleinen „Mutproben des Alltags" ins Gebet zu bringen und Gott um seinen Beistand zu bitten – vor einem Konfliktgespräch, vor einer wichtigen Entscheidung, nach einer Niederlage, in einer kritischen Phase.

Wochenimpulse

1. Ich betrachte die Lichtpunkte meines Lebens – Menschen, die mir wichtig und lieb sind, Lebensphasen, die unbeschwert waren, Reisen, die ich gemacht habe, Aufgaben, die ich gemeistert habe, Feste, die ich besonders schön fand … Was war das eigentlich Gute daran? Wovon zehre ich bis heute? Was trägt mich?

2. Ich betrachte die Bruchstellen meines Lebens: Krankheiten, die mir zu schaffen machten, Mitarbeiter, die mir das Leben erschweren, Niederlagen, die ich erlitten, Menschen, die ich verloren habe … Wie habe ich diese Krisen bestanden? Welchen Sinn sehe ich im Nachhinein?

3. Ich meditiere die Natur und beobachte das Vertrauen der Geschöpfe: die Schwalbe, die sich von der Luft tragen lässt, das Baby, das in den Armen der Mutter schläft … Ich erinnere mich an solche Bilder in Minuten des Ärgers.

4. Ich nehme bewusster als sonst Menschen wahr, die in Not sind und am Rand stehen. Ich versetze mich in ihr Dasein, setze Zeichen der Verbundenheit und spüre, wie sich mein Vertrauen zu Menschen und zu Gott verändert.

Bibeltexte

Psalm 56
In der bitteren Erfahrung des Verkanntseins und der Verachtung durch die Menschen spürt der Beter das Glück, bei Gott aufgehoben und geborgen zu sein.

Apg 27,14–26
In der Hoffnungslosigkeit eines heftigen Seesturmes spricht Paulus den Seeleuten Mut zu, weil er in einer Vision erfahren hat, dass Gott sie rettet.

Psalm 91
Der Psalmist verkennt nicht die Gefahren des Lebens: Angst, Verfolgung, Einsamkeit. Aber er spürt, dass Gott mit ihm durch die Gefahren geht und ihn beschützt.

Phil 1,3–11
Im Blick auf Christen, die sich entschieden für das Evangelium eingesetzt haben, spricht Paulus sein Vertrauen aus, dass Gott sie auch in Zukunft im Glauben und in der Liebe wachsen lässt.

Bedenktext

Blickkontakt

Ich will dich mit meinen Augen leiten, steht in einem alten Gebet, in Psalm 32, Vers 8. Wenn das klappen soll, mit den Augen leiten, dann muss einer den anderen anschauen. Die zwei müssen Blickkontakt haben, einander in die Augen schauen.

Blickkontakt. Aus der großen Menge Menschen schauen mich zwei Augen an, wir lächeln. Wortloses Einverständnis. Um uns nie wieder zu sehen. Oder bei einem Vortrag spüre ich, wie wach und aufmerksam eine Hörerin mir folgt, das hilft mir, ganz da zu sein und mein Bestes zu geben.

Sie haben es vielleicht schon selbst erlebt, bei einer Beerdigung oder am Krankenbett, wie viel Mitgefühl und Trost in einem Blick liegen kann. Deshalb kann man auch in Danksagungen lesen: Danke für den verstehenden Blick, den stummen Händedruck und die tröstende Umarmung. Ohne Worte kann ein Blick soviel sagen.

Blickkontakt. Das geht nur, wenn auch der andere mitmacht. Nicht flieht. Dem Blick nicht ausweicht, sondern standhält. Wenn man auf Augenhöhe miteinander verkehrt, wenn einer sich nicht verstecken muss oder beschämt den Blick senkt.

In den Psalmen sagt ein Mensch von sich: Meine Augen sehen stets auf den Herrn. So einer hält Kontakt zu Gott, verliert ihn nicht aus den Augen. Das ist dann auch ein Mensch, der sich leiten lässt, dem Gott anbieten kann: Ich will dich mit meinen Augen leiten.

Gottes Blick auf uns hat etwas Schützendes und Mutmachendes. Das empfinde ich, wenn ich beim Segen am Ende des Gottesdienstes gesagt bekomme, dass Gott sein Angesicht leuchten lässt über uns oder sein Angesicht über uns hält. Er sieht uns an. Nicht prüfend, als ob er sagen wollte: Das reicht nicht, was du auf dem Konto des Glaubens hast …. ; nicht abwertend, als ob er sagen wollte: Wie siehst denn du aus? …; sondern freundlich, wohlwollend. Ermutigend lächelt er mir zu wie eine gute Klavierlehrerin vor dem Vorspiel oder ein Trainer vor dem Wettkampf.

Ich will dich mit meinen Augen leiten, verspricht mir Gott. Schau nur auf mich, und ich schau auf dich. Ich lächle dir freundlich zu. Du wirst deinen Weg finden.

Gebet

Gott, wenn ich meinen Ursprung bedenke,
berühre ich meine Eltern und durch sie hindurch
die Menschheit, die Erde,
das Leben überhaupt,
bis ich zu dir komme,
der du der Anfang meines Daseins bist.
Ja, du bist für mich Mutter und Vater,
Schöpfer und Ziel.
Seit jener Stunde, da du mich ins Dasein gerufen hast,
hast du mich mit Liebe und Fürsorge umgeben.
Du bist da für mich,
auch und gerade dann, wenn ich es nicht weiß.
Gib mir die Erkenntnis,
dass ich in allem, was geschieht,
von dir getragen werde,
gib mir den Mut,
dass ich mich auch im Dunkeln dir anvertraue,
dass ich in der Gewissheit deiner Nähe meinem Gewissen folge
und das lebe, was deinem Willen entspricht.

Laboratorium Alltag

Realitätssinn und Gottvertrauen ergänzen sich

Im Buch Numeri steht die so genannte Kundschafter-Geschichte (13,1–30). Sie eignet sich ausgezeichnet für eine Übung zur Stärkung des Gott- und Selbstvertrauens. Sie zeigt, dass gesunder Realitätssinn und gläubiges Gottvertrauen sich keineswegs widersprechen. Sie sind im Gegenteil mit zwei Geschwistern zu vergleichen, die sich gut verstehen und gegenseitig ergänzen. Um die Geschichte gut und nachhaltig zu meditieren, brauchen Sie eine Woche Zeit. Lesen Sie sie zunächst im Zusammenhang und stellen Sie sich in Ihrer Fantasie die Orte des Geschehens, die Personen und ihr Verhalten vor. Nehmen Sie sich in der Folge jeden Tag eines der folgenden Symbolworte vor und meditieren Sie es in Bezug auf Ihr eigenes Leben.

Diese Übung lässt sich sowohl mit Blick auf den privaten als auch auf den beruflichen Lebensbereich machen. Führungskräfte können sich in besonderer Weise in die Rolle des Mose oder des Kaleb hineindenken und sich fragen: Wie werde ich meiner Führungsrolle in Entscheidungssituationen gerecht? Wer oder was ermutigt mich? Wer oder was bremst mich?

1. Ägypten oder was ich endgültig hinter mir lassen möchte

Nach der biblischen Erzählung bedeutete das Land Ägypten für das Volk Israel Unfreiheit und Unterdrückung. Die Israeliten wurden als Sklaven ausgebeutet und mussten Schwerarbeit leisten. Aber man hatte sich daran gewöhnt und einigermaßen arrangiert. Und selbst die Unfreiheit hatte gewisse Annehmlichkeiten: Es gab genug zu essen – von den Gurken und Fleischtöpfen träumten die Leute auch noch nach ihrer Befreiung. Kein Wunder, dass der jahrelange Weg durch die Wüste das Gefühl aufkommen ließ: Es war doch gar nicht so schlimm. Hat man uns vielleicht getäuscht? Haben wir uns getäuscht?

Übungen für die Praxis

- *Kenne ich mein „Ägypten" – einen Zustand früherer Unfreiheit, von dem ich dennoch mitunter träume?*
- *Gibt es noch heute ein „Ägypten", von dem ich loskommen möchte, aber die Entscheidung nicht zu treffen wage?*
- *Was empfinde ich, wenn ich daran denke? Schmerzen, Wut, Heimweh …? Dankbarkeit, Entschiedenheit, Befreiung …?*

2. Exodus oder das Wagnis, aufzubrechen

Der Aufbruch aus dem Sklavenhaus Ägypten war für das Volk Israel die wichtigste existentielle und religiöse Erfahrung. Sie bildete die Basis für die Gottesbeziehung und für den Aufbau einer humanen Gesellschaft. Bis heute feiert das Volk Israel den Mut und die Zuversicht derer, die sich damals die Freiheit erkämpften. Andererseits lässt die Bibel keinen Zweifel daran, dass es nicht menschlicher Heroismus, sondern Gottes kraftvoller Arm war, der das Volk gerettet hat. Gelingendes Leben ist auf diesem Grundverständnis ein Zusammenspiel von Wagnis und Glauben.

Übungen für die Praxis

- *Wo und wann in meinem Leben habe ich einen existentiellen Neuanfang gewagt? Wer hat mir geholfen?*

- *Worin sehe ich meine ganz persönliche Entscheidung? Mein Wagnis?*
- *Vor welchem Aufbruch stehe ich heute? Was hindert mich noch?*

3. Der Negeb oder die lästigen Hindernisse

Israel musste auf dem Weg ins Gelobte Land durch das Gebirge ziehen, das voller Gefahren war. Vor allem lebten dort feindliche Stämme, die gut gerüstet und abwehrbereit darauf warteten, das fremde Volk in die Flucht zu schlagen oder gar zu vernichten. Die Kundschafter berichteten Mose von diesen möglichen Widersachern und von den Gefahren des Gebirges. Vielen erschienen sie unüberwindbar. Sie wollten aufgeben.

Übungen für die Praxis

- *Welche Berge sehe ich vor mir?*
- *Spüre ich eher die Herausforderung, sie zu besteigen und zu bezwingen, oder schrecken sie mich ab?*
- *Habe ich eine klare Vorstellung von dem, was mich bedroht, oder ist es eher eine nebulöse Angst?*
- *Wie schätze ich meine eigenen Kräfte ein?*
- *Habe ich Verbündete?*

4. Milch und Honig oder die alten Illusionen

In der Exodusgeschichte stehen Milch und Honig als Symbolworte für die (kindlichen und regressiven) Hoffnungen und Wünsche des Volkes Israel, die es mit dem Land der Verheißung verband. Das Leben – so hofften viele – wird leichter und angenehmer sein. Wie Milch und Honig dem

Kind von selbst in den Mund fließen, so sollte Jahwe dem Volk Wohlstand und Erfolg geben, ohne dass es sich selbst darum mühen muss. Aber statt Milch und Honig finden die Kundschafter im Land der Verheißung Korn und Trauben. Dies sind Früchte, die Arbeit machen und eine lange Zeit brauchen, bis sie als Brot und Wein auf den Tisch kommen. Und für viele war schon diese „Enttäuschung“ ein niederschmetterndes Ergebnis.

Übungen für die Praxis

- *Welche Wünsche und Hoffnungen leben in mir?*
- *Welche sind unerfüllbare Illusionen? Was mache ich, um sie aus meinem Leben zu verabschieden?*
- *Welche sind realistisch und was setze ich ein für ihre Verwirklichung?*
- *Kenne ich heilsame Enttäuschungen?*

5. Die große Weintraube oder Wunder, die wahr werden können

Die Rebe, die die Kundschafter mitbrachten, war so groß, dass sie an einer Stange von zwei Männern getragen werden musste. Eine Wundertraube also, ein untrügliches Zeichen, dass auf die Verheißung Gottes Verlass ist. Aber der Wein, den das neue Land verheißt, ist – ebenso wie das Brot – „Frucht der Erde und der menschlichen Arbeit“ (Text aus dem Messritus), also das Ergebnis eines Zusammenspiels zwischen Gott und den Menschen. Gott gibt uns also die Voraussetzung für ein gutes Leben, aber er erwartet unser Mittun.

Übungen für die Praxis

- *Erinnere ich mich an Zeichen der Hoffnung, die mich überrascht und überwältigt haben?*
- *Kenne ich aus meinem Leben Situationen, in denen mir die Zuwendung Gottes bewusst wurde?*
- *Wo wird für mich erfahrbar, wie Gottes Gabe und mein Tun sich ergänzen?*

6. Miesmacher und Mutmacher oder: Es gibt solche und solche Berater

Beide Kategorien von Menschen finden sich unter den Kundschaftern, die Mose und dem Volk Bericht erstatteten. Es gab solche, die die überdimensionale Rebe mit den Trauben gar nicht wahrnahmen und ausschließlich von Feinden und Gefahren sprachen. Für sie war der Weg ins Gelobte Land unzumutbar. Andere – an ihrer Spitze Kaleb – sahen zwar die Gefahr, vertrauten aber auf ihre eigenen Kräfte und vor allem auf die Verheißung Gottes. Sie motivierten das Volk, den Weg trotz der Gefahren zu wagen.

Übungen für die Praxis

- *Wer und was zieht mich eher nach unten? Wie schütze ich mich davor?*
- *Wer und was ermutigt mich? Wie kann ich diesen Kräften mehr vertrauen und Gewicht geben?*
- *Welchen Rückhalt gibt mir mein Glaube an Gott?*

Klugheit

Mit klarem Verstand unterscheiden
und mit mutigem Herzen entscheiden.

Einstieg

Seid klug wie die Schlangen!" – Dieser Satz steht in der Bibel und er ist oft missverstanden worden. Klugheit darf nicht in die Nähe von List und Abgeschlagenheit gerückt werden, die Schlange symbolisiert in dieser Bibelstelle Wachheit und Wendigkeit.

Klugheit ist die Tugend der geistlichen Unterscheidung. Sie lässt uns sorgfältig fragen, woher ein innerer Impuls kommt und wohin er führt. Sie will Menschen und Situationen gerecht werden. Darum lässt sie sich nicht von schnellen Emotionen verleiten, sondern prüft und wägt ab und geht den Dingen auf den Grund. Sie motiviert dazu, einen für richtig erkannten Weg mutig auszuprobieren, zu überprüfen und wenn nötig zu korrigieren.

Der kluge Mensch ist nicht laut und hastig, er nimmt sich Zeit für ein Urteil mit Augenmaß, sein Entscheiden und Tun kommt aus lauterem Herzen. In Wahrheit gedeiht die Klugheit auf dem Acker des Gebetes, denn Gottes Geist allein kann uns erleuchten und Klarheit verschaffen.

Das Ziel der folgenden Übungen ist es,
… sich vor taktischen Strategien ebenso zu hüten wie vor schnellen, aus puren Emotionen geborenen Entscheidungen;

… sich selbst und anderen Zeit zu geben für wohlüberlegtes Handeln, das möglichst alle Gedanken und Gefühle berücksichtigt;

… nicht alles selbst zu tun und zu entscheiden, sondern andere – Partner, Kinder, Mitarbeitende – mit einzubeziehen, ihre Argumente und Ideen zu unterstützen, sie zu begleiten und ihnen Sicherheit zu geben;

… um den Geist des Rates zu bitten, der hilft, den Weizen vom Spreu zu unterscheiden, und der Energien schenkt für liebevolles, mutiges Handeln.

Wochenimpulse

1. Ich stelle mir mein Gefühl und meine Vernunft als Geschwister vor, die gleiche Rechte und Pflichten haben. Ich spüre nach, welche Bedeutung diese beiden Kräfte in meinem Leben haben. Sind sie gleichwertig? Ich versuche sie einzuladen, dass sie miteinander ins Gespräch kommen.

2. Ich denke an Menschen, die ich als besonders klug einschätze. Was fasziniert mich an ihnen? Ich beobachte mich selbst und andere Menschen und lerne zu reflektieren, was klug und was unklug ist.

3. Ich überlege mir, welche Entscheidung in der kommenden Zeit ansteht. Ich lege mir ein Zeitfenster fest, innerhalb dessen ich eine Entscheidung treffen will, ebenso lege ich die Schritte fest, wie ich zu einer „klugen" Entscheidung komme.

4. Ich mache mir bewusst, welche Talente ich habe, wie ich sie einsetze und wie ich sie entfalten kann. Ich mache mir auch meine Grenzen bewusst. Betend danke ich Gott für das, was mir gegeben und anvertraut ist.

Bibeltexte

Eph 5,15–20
Paulus macht deutlich, dass es klug ist, den Willen Gottes dem eigenen Willen vorzuziehen und ein bewusstes, maßvolles Leben zu führen.

Weish 7,7–14
In der Klugheit findet der Mensch eine Gottesgabe, die alle Reichtümer der Welt übertrifft, und darum ist es richtig, sie als einen kostbaren Schatz zu lieben und zu schützen.

Mt 10,16–20
In den Wirren der Zeit, da die Jünger Jesu auch Ablehnung und Verfolgung erfahren, wird sie Gott doch mit seinem Beistand begleiten.

Mt 25,1–13
Im Gleichnis von den zehn Mädchen, von denen fünf klug und fünf töricht sind, zeigt Jesus, was in seinem Verständnis den klugen Menschen auszeichnet: Er ist wachsam und wartet auf das Kommen des Herrn.

Augen des Herzens

Mensch, kannst du nicht aufpassen?! Hast du keine Augen im Kopf? – Doch, hab ich. Aber ehrlich gesagt, Sie habe ich glatt übersehen. Entschuldigung.

Ich bin so erleichtert, dass nichts passiert ist, und darum verzeihe ich dem jungen Sportfahrer den unmöglichen Anschnauzer. Ja, wenn es nochmals gut gegangen ist, dann stecke ich auch großzügig weg, wenn mir einer den Vogel zeigt. Erleichtert. Es hätte auch anders ausgehen können.

Augen im Kopf und doch nicht sehen. Nicht aufmerksam sein für das, was gerade wichtig ist. Eine ganz eigene Art von Sehschwäche. Die Bibel spielt an vielen Stellen darauf an. Sie spricht davon, dass Menschen nicht tief genug sehen, nur an der Oberfläche interessiert sind. Nur der Fassade nach urteilen oder alles nur unter einem engen egoistischen Blickwinkel wahrnehmen. – Nicht nur auf dem Radweg, sondern auch auf dem inneren Weg des Glaubens kann das gefährlich sein.

Die Bibel ist ein Erfahrungsbuch. Sie weiß, dieses tiefere Sehen ist lebensnotwendig. Nur wer mit dem Herzen sieht, weiß, worauf es ankommt. Und das ist doch, was wir Klugheit nennen: wissen, worauf es ankommt. Augen des Herzens haben einen Blick für das, was meinem Leben Richtung und Halt gibt. Sie lassen mich erkennen, was der Mensch an meiner Seite von mir braucht.

Im letzten Buch der Bibel finde ich den Rat: Kauf dir Augensalbe, trag sie auf, damit du sehen mögest. – Ich stelle mir vor, das geht so ähnlich wie mit der Pflege der Haut.

Dann könnte ein Pflegeprogramm für müde Herzensaugen so aussehen: Reinigen und beruhigen – einfach die Augen schließen. Entschlacken – nicht alles anschauen, was sich dem Auge anbietet und aufdrängt. Eher auswählen, was will ich anschauen. So eine Art Fasten für die Augen. Nach innen schauen, sich Zeit gönnen für einen Blick ins eigene Herz sozusagen. Dabei wahrnehmen: Was freut mich, was macht mir Sorgen, was fehlt mir in meinem Leben? Das Schöne anschauen, sich sattsehen an wunderbarer Landschaft, verweilen beim Anblick reifer Kornfelder oder der Weinberge.
Pflege für die Augen des Herzens. Guter Rat muss nicht teuer sein.

Gebet

Heiliger Geist,
du bist der Geist des Rates und der Stärke.
Wenn du meinen Geist erleuchtest,
dann bin ich sicher auf dem rechten Weg,
dann handle ich klug und mein Leben erhält den Sinn,
der ihm vom Schöpfer zugedacht ist.
Ich bitte dich um deine läuternde und ermutigende Kraft.
Ich bitte dich um ein waches Herz,
das sich aufschließen lässt für das Tun Gottes in der Welt
und das in Klarheit zu unterscheiden vermag
zwischen Güte und Bosheit,
zwischen Enge und Weite,
zwischen Gottesliebe und Menschenfurcht.

Klug sind Menschen, die Krisen als Lernfelder nutzen

Wenn Menschen plötzlich mit heftigen Problemen konfrontiert werden und unter Druck kommen, reagieren sie oft kopflos und unverhältnismäßig. Schwierig wird es, wenn auch Führungskräfte in Panik geraten. Ihre Angst überträgt sich auf die Mitarbeitenden und verstärkt deren Unsicherheit. Um selbst Krisen als Lernfelder zu nutzen, können die folgenden Fragen hilfreich sein. Sie wollen positive Ressourcen wecken.

1. *Was ist passiert?*

Bevor ich agiere und reagiere, vergewissere ich mich der Fakten. Ich prüfe und frage, was sich tatsächlich ereignet hat. Ich versuche dabei, so emotionslos wie möglich das wirkliche Problem auf den Punkt zu bringen und zwischen der Realität des Geschehens und der Realität des Erlebens zu unterscheiden.

2. *Was ist der emotionale „Knackpunkt"?*

Bevor ich auf andere schaue, Schuldzuweisungen ausspreche und Konsequenzen fordere, nehme ich wahr, was ich empfinde. Ich spüre, wo ich angesprochen und getroffen bin, und spreche dies in aller Klarheit aus. Wenn ich meine Gefühle ausgesprochen habe, kann ich ruhiger und sachlicher handeln.

3. *Was ist dieses Mal anders?*

Ich frage mich: Habe ich schon einmal eine ähnliche Situation oder ein ähnliches Gefühl erlebt? Wann? Und wie war es da? Ich erinnere mich an Situationen, die der jetzigen ähnlich sind.

Ich rufe die Gefühle wach, die mich damals bewegten. Ich reflektiere, ob mich das Problem als solches berührt oder das Gefühl des „schon wieder.“

4. *Wie habe ich damals das Problem gelöst?*

◎ *In jedem Fall habe ich schon ähnliche Situationen durchgestanden. Vielleicht war es nur ein „Überleben“, aber auch das kann mitunter positiv oder sogar die einzige Möglichkeit sein. Vielleicht aber gab es in ähnlichen Situationen eine wirkliche Lösung. Ich versuche, mir diesen Weg zu vergegenwärtigen.*

5. *Wer oder was half mir in vergleichbaren Situationen?*

◎ *Eine besondere Hilfe ist es, sich zu vergegenwärtigen, wer mir zur Seite stand, wen ich um Rat gefragt habe, welche Umstände mir zu Hilfe kamen.*

6. *Ich stelle mir zwei gute, kluge Freunde vor. Was würden sie mir jetzt raten?*

◎ *Wenn sich die Möglichkeit zu beratenden Gesprächen bietet, tue ich gut daran, sie zu nutzen. Oft kann es auch schon helfen, mir ein solches Gespräch vorzustellen. In der Regel weiß ich intuitiv, was gute Freunde denken und sagen und wie sie in bestimmten Situationen reagieren würden. Allein schon die Imagination ihrer Präsenz und Stimme kann mich beruhigen und mir Klarheit verschaffen.*

7. *Wie würde ich das Problem ansehen, wenn es gelöst wäre?*

◎ *Ich stelle mir vor, ich wache morgen früh auf und das Problem ist weg. Dieser Schritt distanziert mich von mir selbst. Er holt mich – zumindest in der Vorstellung – aus der Enge der Problemlage heraus und lässt den Weg zur Lösung vom Ziel her erspüren. Allein schon der Gedanke, „wie es wäre, wenn" wird aufatmen lassen und kreative Kräfte wecken.*

8. *Was müsste passieren, dass das denkbar Beste für mich herauskommt?*

◎ *Was denkbar ist, ist in der Regel auch möglich. Zumindest in Gedanken kann ich mir aber das Optimum vorstellen und ich kann auch den Weg dahin erspüren.*

9. *Gibt es einen ersten kleinen Schritt, dass es sich tatsächlich so entwickelt?*

◎ *In eine verfahrene Sache kommt erst dann Bewegung, wenn erste Schritte gegangen werden. Ich überlege, welchen Schritt* ich *tun kann, damit wir einer Lösung näherkommen.*

10. *Welche Konsequenzen kann ich aus dieser Krisensituation ziehen?*

◎ *Ob das Problem gelöst werden kann oder nicht, liegt nicht allein an mir. Aber selbst wenn es keinen Ausweg gäbe, macht mich diese Situation um eine Erfahrung reicher. Ich will die negative Erfahrung, die mich eventuell zum Rückzug motivieren könnte, herausfiltern und jene Erfahrungen herausheben, die mich klüger machen und weiterbringen.*

Lebensfreude

Die Sinne trainieren und entdecken,
wie schön das Leben ist.

Einstieg

Meine Herkunft, meine Veranlagungen, meine Familie, meine körperliche und geistige Verfassung, meine konkrete Situation sind weitgehend vorgegeben. Es kann glücklich machen, eine stabile Gesundheit zu haben, optimistisch oder humorvoll veranlagt zu sein, sich in gut gesicherter Existenzlage zu befinden. Und doch ist solches Glück etwas anderes als Lebensfreude. Es gibt Menschen, die alles haben und sich dennoch todunglücklich fühlen. Und es gibt Sterbenskranke oder von einem schweren Verlust getroffene Menschen, die mit sich selbst im Reinen und mit dem Leben zufrieden sind. Wir können auch in schwierigen Situationen, in Krankheit, bei Misserfolg, bei wirtschaftlicher Flaute, in einer schwierigen Beziehung das Positive sehen und würdigen, wir können lösungsorientiert denken und Krisen nutzen, um unsere Kräfte zu konzentrieren. Dies ist eine Frage der persönlichen Einstellung zu sich, zu den Menschen, zu den Dingen und zu Gott.

Das Ziel der folgenden Übungen ist es,
... die Ressourcen zu entdecken, die in mir stecken und die ich für ein gutes, gelingendes, kommunikatives, erfolgreiches Leben nutzen kann;

... die Menschen trotz ihrer Unzulänglichkeiten zu mögen und mit ihnen gute und erfüllende Beziehungen einzugehen;

... sich von den Sorgen und Schicksalsschlägen nicht beherrschen zu lassen, sondern gerade an den Schatten auch das Licht, im Unglück das Glück, im Tod das Leben zu entdecken;

... jene Erfahrungen zu stärken, in denen wir das unzerstörbare Ja Gottes zu uns und unserem Leben erfahren.

Wochenimpulse

1. Ich schenke den positiven Erfahrungen (Freundlichkeit, Naturerlebnisse, Humor, Gelingendes) besondere Beachtung und speichere sie im Reservoir meiner Erinnerungen. Besonders wichtige Erfahrungen schreibe ich auf.

2. Ich schaue bei den negativen Erfahrungen (Enttäuschung, Leid, Misserfolg, Schwermut, Ärger) weniger auf die „Sache“ als vielmehr auf mich selbst. Ich gehe an die Wurzel des Schmerzes und spüre, ob ich meine Einstellung dazu ändern kann.

3. Ich meditiere den Satz: „Ich muss mir von mir selbst nicht alles gefallen lassen!“

4. Ich gehe auf Entdeckungsreise und stelle fest, was mir immer wieder Freude macht (welche Menschen, welche Landschaft, welche Musik usw.). Ich stelle auch fest, was mich immer wieder runterzieht. So kann ich leichter das eine suchen und das andere lassen.

Bibeltexte

1 Sam 2,1–11
Der lange Jahre unglücklichen, weil kinderlosen Hanna wird ein Sohn geschenkt. Sie besingt dieses Glück in einem Lied.

Tob 8,10–17
Raguel preist Gott für das Glück eines Schwiegersohns und veranstaltet für das junge Paar das Hochzeitsfest.

Jes 12,1–6
Der Prophet weissagt die Erlösung Israels und schildert den Tag, an dem das Volk Rettung erfährt.

Lk 10,21–24
Jesus betet zum Vater und dankt, dass die Einfältigen und Ungebildeten seine Botschaft verstehen, während sie den Gescheiten und Klugen verborgen bleibt.

Gewiss

Bist du da so sicher, dass das der richtige Weg ist für dich? – Ja, sagt sie, das ist für mich jetzt dran.

Ich kann nur staunen, mit welcher Freude und Entschlossenheit sie von ihrer Entscheidung erzählt. Für ein Jahr gibt sie ihre Anstellung als Lehrerin auf, ihre Wohnung überlässt sie einer Freundin, das gute Gehalt tauscht sie gegen ein bescheidenes Taschengeld ein. Sie geht nach Südamerika und hilft dort mit, ein Kinderheim aufzubauen. – Begeistert ist sie von ihrer neuen Aufgabe und ganz gewiss, dass das jetzt für sie dran ist.

Auch bei Paulus lese ich von dieser Gewissheit. Er war einer der ersten Prediger und Missionare der christlichen Kirche. Unermüdlich im Einsatz zusammen mit seinen Mitarbeitern. Unterwegs, die christliche Lehre zu verbreiten. Nicht immer war sein Einsatz erfolgreich. Oft gab es Hindernisse und Umwege auf den Reisen. Doch er lässt sich nicht entmutigen. Er ist überzeugt, dass Gott eine neue Aufgabe für ihn hat, so deutet er eine Erscheinung als neuen Start zu einem neuen Ziel. Er berichtet davon in der Apostelgeschichte, wo es heißt: „Wir wollten sofort nach Mazedonien abfahren; denn wir waren überzeugt, dass uns Gott dazu berufen hatte, dort das Evangelium zu verkünden" (Apg 16,10). – Paulus scheint zu wissen, was Gott für ihn will und was er mit ihm vorhat. Und – er lässt Gott mitreden bei seinen Reise- und Lebensplänen. Er geht nicht ohne ihn.

Wie kann Paulus so sicher sein? – An einer Stelle gibt er sogar zu: „Denn ich bin gewiss: Weder Tod noch Leben, weder Engel noch Mächte, weder Gegenwärtiges noch Zukünftiges, weder Gewalten der Höhe oder Tiefe noch irgendeine andere Kreatur können uns scheiden von der Liebe Gottes, die in Christus Jesus ist, unserem Herrn" (Röm 8,38f.). Mit dieser Gewissheit lässt sich leben und sterben, so stelle ich mir vor. Damit lässt sich auch manche unsichere Situation und manche Ungewissheit ertragen.

Irgendwie zu beneiden, finde ich. Manchmal wünsche ich, dass ich auch so sicher wissen kann, was jetzt dran ist. Was Gott von mir und für mich will und dass meine Entscheidungen richtig sind. Das erlebe ich nicht immer so.

Aber eines – so glaube ich – steht in jedem Fall fest: Gottes Liebe. Von ihr getragen und begleitet gehe ich meinen Weg, treffe meine Entscheidungen. Und auch wenn sich ein Weg als schwierig herausstellt oder ich erkennen muss, das war die falsche Entscheidung: Seine Liebe ist gewiss. Da bin ich mir ganz sicher.

Gebet

Du Gott meiner Geschichte,
du hast mir nicht nur das Leben gegeben,
sondern auch die Sehnsucht nach Glück und Freude.
Wenn ich Leid und Schmerzen erfahre,
so kann ich dies oft nicht ändern,
aber ich kann an mir arbeiten und reif werden.
Gib mir den Mut zu nötigen Veränderungen
und lass in mir die Erkenntnis wachsen,
dass mein Leben gezeichnet ist von deiner Gegenwart
und deiner unbesiegbaren Liebe.

Lebensfreude kann ich lernen

Menschen, die das Leben bejahen und sich glücklich fühlen, sind präsent, aktiv, erfolgreich, beziehungsfähig und anerkannt. Lebensfreude und Glück sind die besten Voraussetzungen für Leitungskompetenz. Denn glückliche Menschen haben eine positive Ausstrahlung, sie können aufbauen und selbst wenn sie konfrontieren, nimmt man ihnen ab, dass sie die Situation zum Positiven hin verändern wollen.

Das Glücksgefühl resultiert zu einem Teil aus äußeren Umständen. Ich bin glücklich – das kann heißen: Ich habe mein Examen bestanden oder ich habe mich verliebt oder ich bin bei einem Autounfall mit dem Schrecken davongekommen. Das alles ist Glück und ich fühle mich dann eben entsprechend. Und doch ist glücklich sein viel mehr als Glück haben. Glück haben ist eine Frage der Wirklichkeit, in die wir hineingeboren werden oder die uns durch wirtschaftliche, soziale und kulturelle Gegebenheiten zufallen. Im Lotto eine Million gewinnen ist Glück, aber das Glück dieser Kategorie ist mehr oder weniger ein Kind des Zufalls und als solches äußerst launisch. Es kommt und geht und kann sich über Nacht ins gerade Gegenteil verwandeln.

Glück haben kann ich nicht lernen, glücklich sein sehr wohl. Es ist die Folge eines Übungsprozesses, in dem ich mich mutig dem Leben öffne, seine guten Seiten würdige und mich positiv darauf einlasse.

Damit bin ich beim entscheidenden Punkt. Wenn ich glücklich sein will, darf und muss ich lernen, das Leben, so wie es ist – das heißt in seinem Wechselspiel von Glück und Unglück, von Erfolgen und Schicksalsschlägen, von Gesundheit und Krankheit, von Freude oder Schmerz –, zu bejahen. Die Freude am Leben resultiert aus der Grundüberzeugung, dass alles einen Sinn hat oder besser, dass ich in allem einen Sinn entdecken und ihn auch realisieren kann. Ja, dass ich sogar die schwierigsten Situationen meines Lebens bestehen und darin Humanität und menschliche Würde zeigen kann. Seelsorgerinnen und Seelsorger, Therapeutinnen und Therapeuten erleben fast täglich das erstaunliche Phänomen, dass auch solche Menschen, die ein arges Schicksal erfahren, eine positive und lebensbejahende Energie ausstrahlen. Ärztinnen und Ärzte, Krankenschwestern und Pfleger erleben, dass ihnen krebskranke Patienten ein Vorbild sind und sie geradezu aufbauen. Es kommt vor, dass Menschen nach einer schmerzlichen Trennung und nach einem harten Läuterungsprozess ihre wirkliche Beziehungsfähigkeit entdecken. Ja, die Konfrontation mit Verlust und Leid hat manchem auch beruflich neue Türen aufgestoßen.

Der Wille, die Umstände so anzunehmen, wie sie sind, und daraus etwas Sinnvolles zu gestalten, ist ohne Zweifel auch eine der besten Voraussetzungen für Führungskräfte, egal ob sie nun Direktoren, Vorstände, Manager, Bischöfe, Äbte oder Pädagogen sind. Um den Grund für diese Tatsache zu finden, ist es notwendig wahrzunehmen, dass sich unser Leben – das private wie das berufliche – in drei Grundpolaritäten abspielt:

- *in der Polarität zwischen Spannung und Entspannung,*
- *in der Polarität zwischen Nähe und Distanz und*
- *in der Polarität zwischen Erinnerung und Erwartung.*

Die Polarität von Spannung und Entspannung

Entspannung ist für viele Menschen ein erstrebenswertes Ziel. Sie meinen, wenn sie total relaxed und ihre Bedürfnisse befriedigt sind, dann seien sie glücklich. Unbestritten ist diese Sicht des Lebens für eine große Zahl von Menschen auch die Motivation zur Arbeit. Sie arbeiten vor allem mit dem Ziel, Geld zu verdienen, sich ein neues Auto kaufen oder den Urlaub in Südafrika leisten zu können. Nicht selten wird in den Chefetagen mit Verheißungen dieser Art zu größerer Arbeitsleistung motiviert. Und das Ergebnis? Das ist meist Frustration auf beiden Seiten. Kein Mensch wird davon glücklich, dass seine Bedürfnisse befriedigt werden und er sich entspannt zurücklehnen kann. Wie könnte es sonst sein, dass Arbeitslosigkeit als eine der modernen Geißeln der westlichen Menschheit erfahren wird, und zwar nicht nur aus wirtschaftlichen Gründen, sondern auch deswegen, weil Menschen ohne Arbeit am Sinn ihres Lebens zweifeln. Ähnliches gilt für Menschen, die aus Altersgründen aus dem Berufsleben ausscheiden. Für viele setzt dann, obwohl sie wirtschaftlich abgesichert sind, ihre Hobbys betreiben und Reisen machen könnten, eine bedrohliche Sinnkrise ein. Das macht deutlich: Der Mensch sucht nicht zuerst ein angenehmes, entspanntes, komfortables Dasein, er will vielmehr sinnvoll leben und etwas Sinnvolles tun.

Übungen für die Praxis

- *Was meine und suche ich, wenn ich von einem spannungsfreien Leben träume oder spreche? Will ich dies wirklich?*

- *Was motiviert mich, zur Arbeit zu gehen? Warum motiviere ich als Vorgesetzte/-r andere zur Arbeit? Vermittelt unsere Ein-*

richtung/unser Unternehmen Ziele, die über das Tagesgeschäft hinausweisen? Haben wir ein Leitbild? Eine Philosophie?

- *Wissen es unsere Mitarbeiterinnen und Mitarbeiter zu schätzen, dass sie bei uns arbeiten? Was ist der Grund dafür? Wird in den Arbeitsabläufen deutlich, welchen Sinn die Arbeit insgesamt hat und welche Bedeutung einzelnen Arbeitsschritten zukommt?*

- *Gibt es Probleme, die wir als solche kommunizieren und zu deren Lösung wir die Mitarbeiterinnen und Mitarbeiter auffordern? Gilt bei uns der Grundsatz, dass Spannungen – auch zwischenmenschliche Spannungen – gut sind und neue Energien freisetzen?*

Die Polarität von Nähe und Distanz

Es ist nicht wahr, dass es besser ist, Gefühle aus dem beruflichen Leben herauszuhalten. Tatsächlich geht dies gar nicht, denn auch dort suchen wir Nähe und leiden an deren Verweigerung. Nähe meint Verstanden-Sein, emotionale Sicherheit, die Möglichkeit, Schwächen zu zeigen und Fehler zu machen. Wo die Sehnsucht nach Nähe unterdrückt wird, sucht sie sich Ventile – in Aggressivität oder in Regressivität. Entweder es wird aufgrund dieser Verweigerung ein subtiles Netz von Gegenverweigerungen aufgebaut, z.B. Dienst nach Vorschrift, eisiges Schweigen, distanziertes Verhalten. Oder aber Menschen drücken ihre Unzufriedenheit in psychosomatischen Störungen aus (emotionale Labilität, häufiges Kranksein). Eine Atmosphäre menschlicher Nähe am Arbeitsplatz zu schaffen bedeutet, Menschen wahrzunehmen, anzuerkennen und für herausragende Leistungen zu loben. Bedeutet auch, ihre persönliche Würde und Privatsphäre zu respektieren. Eine solche Atmosphäre hilft, Konflikte zu lösen, die Kommunikation zu verflüssigen und zu Höchstleistungen zu motivieren.

Wie jede Form der Kommunikation, so braucht auch jene im beruflichen Umfeld nicht nur Nähe, sondern auch Distanz. Die Abgrenzung zu anderen erlaubt es uns, uns zu unterscheiden, unsere eigene Persönlichkeit auszuprägen und unsere individuelle Note in das Ganze einzubringen. Das kann für Unternehmen und Institutionen aller Art nur gut sein, denn so werden Vielfältigkeit und Buntheit garantiert. Distanz schafft Reibung und sogar Widerspruch, und das ist gut so. Führungskräfte, die dies dulden und fördern, haben nicht nur die Chance, mit einem sehr kreativen Team zu arbeiten, sondern auch, durch die offene Kritik vor unkontrollierten Eigenläufen geschützt zu werden.

Oft trauen wir uns nicht, unser Bedürfnis nach Distanz einzufordern und andere in ihrem Anspruch auf Distanz zu bestärken. Dies gilt auch in beruflichen Kontexten. Wir streben ein Idealbild von Einheit und Verständigung an, das mitunter an fragwürdige Uniformität grenzt und nicht selten zu einem verhängnisvollen Mangel an Frische und Spontaneität führt. Führungskräfte sind teilweise selbst schuld, wenn sie unter ihren Mitarbeiterinnen und Mitarbeitern mangelhafte Identifikation mit dem Unternehmen beklagen. Innovative Ideen, von denen jede Firma, jede Behörde, jedes Kloster und jede soziale Einrichtung lebt, wachsen auf einem Boden, wo vieles Platz hat – auch die Lust am „Spinnen“, der Protest gegen Eingefahrenes, selbstständiges Denken und eigenverantwortliches Handeln. Die Angst, dadurch könnte etwas aus dem

Ruder laufen, ist unbegründet und eine schlechte Voraussetzung, eine Einrichtung zu leiten.

Übungen für die Praxis

Die folgende Übung spricht in erster Linie Führungskräfte und Personalchefs an. Sie kann aber in abgewandelter Form auch von allen gemacht werden, die im privaten Bereich oder in Gemeinschaften Leitungsdienste übernehmen (Mütter und Väter, Pädagogen, Gruppenleiter, Seelsorger ...). Die Übung erfordert eine gute Stunde Zeit und einen ungestörten Raum, der auf dem Fußboden viel Platz lässt.

- *Ich schreibe die Namen meiner (näheren) Mitarbeiterinnen und Mitarbeiter je auf eine grüne Karte und meinen eigenen Namen auf eine gelbe Karte.*

- *Ich lege meine Karte in die Mitte des Raumes und lege die Karten meiner Mitarbeiterinnen und Mitarbeiter in einem Abstand zu meiner eigenen, der meinem Gefühl von Nähe oder Distanz zu ihnen entspricht.*

- *Ich schaue das Gesamtbild an und überlege, ob das Nähe- und Distanzverhältnis für mich persönlich und für die Gruppe gut ist, so wie es ist, oder ob ich es gerne verändern möchte?*

- *Ich lege neben jede gelbe Karte eine weiße, auf die ich zuvor drei Eigenschaften geschrieben habe, die ich an dieser Mitarbeiterin/diesem Mitarbeiter besonders schätze (z. B. Verlässlichkeit, Humor, Fleiß).*

- *Ich überlege und schreibe es auf die Rückseite der weißen Karte, in welchen Bereichen sich die jeweilige Person weiterentwickeln könnte und was ich als Verantwortliche/-r besonders fördern möchte.*

Die Polarität von Erinnerung und Erwartung

Tatsache ist, dass Erinnerungen einen ganz herausragenden Platz in unserer Seele einnehmen. Ich sehe einen Menschen nach einem Monat wieder und erinnere mich bewusst oder unbewusst der früheren Begegnungen. Vermutlich erinnere ich mich viel weniger der Worte und Fakten als vielmehr der optischen Eindrücke, der Gesten, der Gerüche und der Gefühle. Erinnerungen sind gut, denn sie bieten mir ein Netz der Sicherheit, in das ich mich fallen lassen kann. Aber – und das ist die große Gefahr – Erinnerungen können mich auch daran hindern, den Menschen so zu erfahren, wie er heute, wie er wirklich ist. Viel Schlimmes resultiert aus festgehaltenen Erinnerungen. Das gilt auch für das Arbeitsleben und das gilt für Führungskräfte. Erfahrungen, die wir einmal gemacht haben, sind wie Kratzer in einer Schallplatte: Sie spielen immer dieselben Sequenzen auf. Im Umkehrschluss heißt dies, dass gute Führungskräfte sich zwar auf ihre Erinnerungen stützen, sie aber auch relativieren und ihre mitunter gefährliche Logik durchschauen müssen. Das erfordert ein großes Maß von Selbstdistanz und geistiger Wachheit, die die Gegenwart klar wahrnimmt und ihr den Vorrang vor allen Vor-Urteilen gibt.

Ähnliches gilt für unsere Erwartungen. Auch diese sind eine Art Gerüst, auf das wir unser Denken, Planen und Tun für die Zukunft aufbauen. Solange wir Erwartungen haben, sind wir vital und leistungsfähig. Menschen ohne Erwartungen können nicht kreativ sein und nichts Neues initiieren. Es ist gut und wichtig, dass ich mir meiner Erwartungen an mich selbst, an das Leben und an andere immer wieder bewusst werde und sie klar formuliere. Die Frucht meiner Erwartungen können klare Ziele sein und die Frucht der klaren Ziele die konkrete Gestaltungsmöglichkeit der Zukunft.

Und doch: Meine Erwartungen können mich auch so sehr festlegen, dass ich unfähig werde, die Überraschungen des Lebens wahrzunehmen. Eine nicht geringe Zahl von Beziehungen scheitert an festgeklopften Erwartungen. Wenn sich meine Erwartungen nicht wunschgemäß erfüllen, können sie in Enttäuschungen und schließlich in Aggression und Resignation umschlagen. Durch feste Erwartungen kann ich mich selbst und andere unter- oder überfordern, meine Kreativität und die anderer einschränken, die Zeichen der Zeit übersehen und Chancen, die sich spontan bieten, verspielen.

Übungen für die Praxis zum Umgang mit Erinnerungen

Für diese Übung gelten dieselben Vorbemerkungen wie für die Übung „Nähe und Distanz".

- *Ich stelle in einem leeren Raum drei Stühle um eine Mitte herum.*
- *Ich setze mich auf einen der Stühle und schreibe auf ein großes Blatt das Stichwort „Erinnerung".*
- *Ich lasse in Gedanken aufsteigen, welche Erinnerungen aus der letzten Woche hochkommen: Erinnerungen an Ereignisse, an Begegnungen, an Gesichter, an Gefühle ...*
- *Ich schreibe diese Worte auf das Blatt und kennzeichne sie mit verschiedenen Farben oder Symbolen – je nachdem, ob es für mich gute oder schlechte Erinnerungen sind.*
- *Ich lege das Blatt in die Mitte und wechsle den Stuhl. Von hier aus betrachte ich die aufgeschriebenen Erinnerungen mit den*

Augen anderer: meines Kollegen, meines Geschäftspartners, meiner Mitarbeiterin, eines Außenstehenden. Welche neuen Aspekte sehe ich?

- *Ich setze mich auf den dritten Stuhl und stelle mir dann die Fragen: Welche positiven Erkenntnisse ziehe ich aus den Erinnerungen? Welche Ressourcen enthalten sie? Wie kann ich die in ihnen enthaltenen Chancen besser nutzen? Was kann und muss ich in meinem mitmenschlichen Verhalten verändern? Bei wem sollte ich mich entschuldigen? Wen sollte ich bestärken?*

Übungen für die Praxis zum Umgang mit Erwartungen
Für diese Übung gelten dieselben Vorbemerkungen wie für die Übung „Nähe und Distanz“.

- *Ich stelle in einem leeren Raum drei Stühle um eine Mitte herum.*
- *Ich setze mich auf einen der Stühle und schreibe auf ein großes Blatt das Stichwort „Erwartungen“.*
- *Ich schreibe meine Erwartungen für den kommenden Monat auf das Blatt: die Erwartungen an mich selbst, an meine Mitarbeiterinnen und Mitarbeiter, an die Zukunft …*
- *Ich kennzeichne meine Erwartungen: positiv – negativ, erfüllbar – unerfüllbar …*
- *Ich überlege, was es braucht, um die Erwartung zu erfüllen. Was kann ich selbst dafür tun? Will ich meine Erwartungen kommunizieren und auf ihre Umsetzbarkeit hin prüfen lassen? Mit wem rede ich darüber?*
- *Auf dem zweiten Stuhl lasse ich im Geist die Reaktionen anderer auf meine Erwartungen aufsteigen. Höre ich Einwände?*

Ermutigungen? Lasse ich mich von den vermeintlichen Kritikern lähmen?

- *Auf dem dritten Stuhl überlege ich, welche meiner Erwartungen umgesetzt werden können und müssen. Welche sind die nächsten Schritte?*
- *Wie kann ich garantieren, dass meine großen Ziele nicht dem Tagesgeschäft geopfert werden?*

Liebe

Menschen mit den Augen
des Schöpfers sehen.

Einstieg

Liebe – so sagen die Menschen – ist die schönste Erfahrung, die wir machen. Liebe – so sagen ebenfalls die Menschen – ist der beschwerlichste Weg, den wir gehen. Vermutlich stimmt beides. Wir haben die Liebe weitgehend in den Raum der Privatsphäre zurückgedrängt, in den Raum der Partnerschaft, der Familie, der Freundschaften. Und doch ist auch da der Weg mitunter sehr beschwerlich. Warum? Die Gründe sind so verschieden wie die Menschen. Eines ist wohl sicher: Unsere Wünsche und Erwartungen an das Liebesleben sind immens, unstillbar. Ebendarum bedarf es stetiger Übung, um über unsere Sehnsüchte und Enttäuschungen hinauszuwachsen und die Wege des Möglichen zu gehen.

In jedem Fall sollten wir das „Übungsprogramm Liebe" über das Feld unseres privaten Lebens hinaus ausdehnen – auf den Alltag, auf den menschlichen Umgang im Geschäftsleben, am Arbeitsplatz, im Straßenverkehr. Dort könnten wir die Liebe in kleiner Münze empfangen und ausgeben und jene Kunst erlernen, die auch für die „große Liebe" hilfreich ist.

Das Ziel der folgenden Übungen ist es,
… unser Wahrnehmungsvermögen für die eigene Bedürftigkeit zu schärfen und gleichzeitig dankbar zu werden für die kleinen Zuwendungen und Liebeszeichen;

… die Liebenswürdigkeit der anderen immer wieder neu zu entdecken, sich daran zu freuen und dieser Freude auch Ausdruck zu geben;

… eine Alltagskultur der Liebe einzuüben, die alle Bereiche des Lebens umfasst und sich in Solidarität, Ehrlichkeit, Verlässlichkeit, Anteilnahme und Dankbarkeit ausdrückt;

… die Einzigartigkeit der Liebe, die uns Jesus gebracht und gelehrt hat und die in der Liebe Gottes zu den Menschen und zur Welt gründet, zu feiern und aus ihr zu schöpfen.

Wochenimpulse

1. Ich schenke – gerade auch in scheinbar emotionsarmen Umfeldern wie in Konferenzen, Arbeitsbesprechungen, handwerklichen Tätigkeiten – meinen Gefühlen mehr Beachtung: Wer oder was stößt mich ab und wer oder was bringt mein Herz in Schwingung? Gehe ich sorgsam mit meinen Gefühlen – den positiven und den negativen – um?

2. Menschen, die mir nahestehen, gebe ich Zeichen der Freundschaft: Ich lade zu einem Spaziergang ein, ich erkundige mich mit ehrlichem Interesse nach ihrem Befinden, ich schreibe einen Brief, ich sage, was sie mir bedeuten.

3. Ich nehme die in meinem Leben wichtigsten Beziehungen in den Blick und gebe mir Rechenschaft, was ich zu geben bereit bin und was ich erwarte. Ich frage diese Menschen, was ihre Erwartungen sind, und auch, wo ich sie enttäusche.

4. Ich trage meine guten und schweren Beziehungen im privaten und beruflichen Leben vor Gott. Ich danke dafür und bitte um Kraft und Erkenntnis, wo bei mir Verwandlung möglich und nötig ist.

Bibeltexte

Tob 8,1–9
Bevor sie zusammenkommen, sprechen Tobias und Sara ein großartiges Gebet, in dem sie dem Schöpfer für ihre Liebe danken und ihre Verantwortung füreinander annehmen.

Sir 29,1–20
Liebe zeigt sich nicht zuletzt darin, dass wir unsere Mitmenschen in ihrer Not unterstützen und freigebig mit ihnen teilen.

Mt 5,38–42
Jesus misst die Liebe an der Bereitschaft zur Vergebung – ja sogar an der Feindesliebe.

Joh 13,31–35
Die Liebe Jesu zu uns Menschen ist das Maß des neuen Liebesgebotes, wie es Jesus verkündet.

Kofferbotschaft

Danke für alles, was du für uns tust. – Das zu hören oder zu lesen macht glücklich. Es ist ja nicht so, dass man sich unnütz vorkommt oder dass man nicht zufrieden wäre mit dem, was man schafft. Aber dass es jemand anderes sagt: Das macht es. Und es ist so einfach!

Ich habe es bei einer Freundin erlebt: Da saß sie und weinte. Tränen rollten über ihr Gesicht. Gleichzeitig lachte sie. Ich war verwirrt. Was soll das? So kenne ich meine Freundin nicht. Noch keine 24 Stunden von der Familie weg. Endlich ein paar Tage ausspannen, Urlaub machen mit Freundinnen. Davon hat sie doch jahrelang geträumt.

Solange die Kinder klein waren, war das nicht möglich. Und weil ihr Mann während der Schulferien schwer Urlaub bekommt, fahren sie im Herbst miteinander in die Berge zum Wandern.

Jetzt also – wie lange gewünscht – eine Ferienwoche mit Freundinnen. Und da sitzt sie am ersten Abend auf ihrem Bett und weint. Was ist geschehen?

Sie lacht und weint gleichzeitig und erzählt: Sie hat ihren Koffer ausgepackt und ziemlich unten zwischen den T-Shirts fand sie einen Umschlag, darin ein Brief ihrer Tochter. Du bist die beste Mama der Welt. Danke für alles, was du für uns tust. Erhol dich gut und schöne Urlaubstage, deine Evi.

Gerade die Jüngste, die ihr oft Sorgen macht, weil sie alles so cool nimmt.

Sie ist so glücklich. Da sagt ihr eine: Ich schätze dich, du bist mir viel wert, danke für das, was du für uns tust. Auch wenn es im Alltag manchmal untergeht, wenn du ein tolles Essen kochst und wir alles mit Heißhunger hinunterschlingen und keiner sagt, das schmeckt prima.

Wenn du deine eigenen Pläne nach uns einrichtest und wir es für ganz selbstverständlich nehmen, dass du uns dein Auto gibst.

Was so eine Kofferbotschaft auslösen kann. Wäre das nicht eine Idee zum Nachahmen? – Sie müssen dafür gar nicht weit weg in Urlaub fahren. Man kann solche Botschaften auch in die Vesperdose stecken oder in den Rucksack oder in die Badetasche. Oder unter die Post mischen, die Sie für Ihre Bekannte während der Ferienzeit aus dem Briefkasten holen. Hauptsache, die Botschaft kommt an. Und ein Mensch erfährt, wie wichtig er für Sie ist und wie wertvoll Sie empfinden, was er für Sie tut. Und Ihnen macht es doch auch Freude, einen anderen ein bisschen glücklicher zu sehen. Es müssen ja nicht gleich Freudentränen sein wie bei meiner Freundin.

Gebet

Guter Gott, weil du die Quelle der Liebe bist,
weil deine Güte alles verwandelt,
suche ich dich, wenn ich die Liebe suche.
Und wenn ich dich gefunden habe,
dann wirst du mich zu dem Menschen machen,
der ich nach dem Bild Jesu bin.
So lass mich Maß nehmen an seiner Liebe,
mache mich geduldig und bereit zum Vergeben wie er.
Gib mir die Kraft,
ihn in allen Menschen zu sehen, die mir begegnen,
und lass mich nicht zurückweichen,
wenn die Liebe weh tut.

Die Kraft zu schaffen, zu lieben und zu dulden

Nach Viktor E. Frankl stecken drei grundlegende humane Anteile in uns: der homo faber, der homo amans und der homo patiens – das ist der schaffende, der liebende und der leidende Mensch. In uns stecken die Kraft zu gestalten, die Kraft zu lieben und die Kraft zu dulden. Es ist eine Art magisches Dreieck, das den Menschen zum Menschen macht. Alle drei Seiten entspringen der geistigen Potenz, die nur dem Menschen eigen ist und in der wir der Sogkraft der Bedürfnisse widerstehen und die Räume der Freiheit betreten können.

1. Der homo faber oder die Fähigkeit, zu schaffen
Schaffen meint mehr als etwas produzieren. Das tun auch Tiere: Sie bauen Höhlen und Nester, sie besorgen und bereiten sich ihre Nahrung, sie organisieren sich in einer erstaunlich perfekten Weise und arbeiten zielgerichtet. Das Ziel aber ist ihnen vorgegeben von der Natur bzw. von ihren Instinkten. Es läuft immer nach dem gleichen Schema, wenn Bienen ihre Waben bauen, Eichhörnchen ihre Vorräte für den Winter verstauen und Ameisen das Baumaterial für ihren Hügel anschleppen.

Schaffen im Sinn des homo faber meint die Fähigkeit, zu gestalten, was vorher nicht war. Solchem Tun geht immer ein geistiger Prozess voraus. Ein Haus, ein Bild, eine Symphonie, ein Fest entsteht zuerst im Kopf. Dieser Prozess ist wie ein Mauerdurchbruch, der einen geschlossenen und bisher unbekannten Raum öffnet. Was wir heute im Bereich der neuen Informationstechniken erleben, ist eine gigantische Revolution. Aber sie basiert weniger auf technischen Innovationen, sondern eher auf der Erfindung des digitalen Systems. Eine kreative geistige Leistung. Der Mensch hat im Gegensatz zum Tier nicht nur die Fähigkeit zu reproduzieren, er besitzt tatsächlich innovative Kräfte. Neues, Noch-nie-Dagewesenes wird gedacht und gefühlt und realisiert.

Keine Frage: In uns allen schlummern ungeahnte Potentiale. Viele liegen brach, weil sie nicht aktiviert werden. Mozart war ein Wunderkind, aber wäre seine außerordentliche musikalische Begabung nicht von früher Jugend an gefördert worden und hätte er nicht an sich selbst geglaubt, dann wäre er vielleicht ein mittelmäßiger Hofmusiker geworden, aber niemals das Genie, das wir heute feiern.

Übungen für die Praxis

- *Ich überlege mir, was ich kann und was ich nicht kann, was ich mir zutraue und was ich mir nicht zutraue.*
- *Ich bedenke mein Unternehmen, meinen Arbeitsbereich, meine Einrichtung und frage, welche innovativen Ideen ich in den letzten Jahren eingebracht habe und welche umgesetzt wurden.*
- *Was möchte ich in meinem persönlichen Leben verwirklichen? Welches sind meine beruflichen Träume?*
- *Ich erzähle einem mir nahestehenden Menschen von den hintergründigen Sinnentwürfen meines Lebens und wie sie mich leiten. Und auch, was mich hindert, ihnen mehr Raum zu geben.*

2. Der homo amans oder die Kunst zu lieben

Die Fähigkeit zu lieben richtet sich nicht nur auf das Du. Wir können auch die Musik lieben, die Natur, die Arbeit, unsere Seele. Liebe ist die Kunst des Gebens und des Nehmens, des Schenkens und des Erlebens. Liebe ist eine zutiefst humane Kunst. Nur der Mensch kann sich selbst übersteigen, seine Seele in der reinigenden Natur aufgehen lassen, in der Tiefe eines Kunstwerkes untertauchen, sich verlieben und sich in Liebe hingeben. Glaubend erfahren wir, dass Liebe eine theologische Tugend ist, sie ist eine Gnade Gottes, der uns teilhaben lässt an seiner alles übersteigenden Liebe.

Was aber hat die Kunst der Liebe mit der so nüchternen Arbeitswelt und mit Führungskompetenz zu tun? Im Berufsleben geht es ja nicht um persönliche Beziehungen, sondern um ein klar abgestecktes Dienstverhältnis, geht es nicht um Erlebniswerte, sondern um Leistung und Produktion. Und doch wird jede Führungskraft bestätigen, dass ein Großteil ihrer Aufgaben Beziehungsarbeit ist. Gewiss geht es vordergründig um Arbeitsorganisation, um Unternehmensziele, um Effektivität. Wie aber könnten wir diese Ziele erreichen, wenn wir nicht offen sind für die tieferen Werte, für Humanität, Solidarität, Verständnis? Ein erfolgreicher Unternehmer wurde gefragt, was das Geheimnis seines Erfolges sei und warum er kaum Schwierigkeiten mit der Disziplin seiner Angestellten habe. Seine Antwort: „Ich mag sie einfach. Wenn ich mich am Abend in meine Leute hineindenke und mir vorstelle, wie sie in ihrer Familie leben, welche Freuden sie haben und welchen Sorgen sie ausgesetzt sind, dann wird mein Herz von großer Sympathie bewegt und ich lasse sie zu ihnen hinfließen.“ Es ist eigentlich sehr einfach: Menschen spüren, ob man sie mag. Sie spüren, ob ihnen ihr Chef etwas zutraut, ob eine Vorgesetzte Vertrauen in sie setzt, ob es der Betriebsleitung um das Wohl ihrer Mitarbeiterinnen und Mitarbeiter geht oder um etwas anderes. Sie spüren auch, ob das Wohlwollen, das ihnen entgegenkommt, ein strategisches Spiel oder ob es ehrlich gemeint ist. Das große Wort Liebe auf den Arbeitsalltag und auf das Verhältnis zwischen Vorgesetzten und Untergebenen heruntergebrochen bedeutet, dass Führungskräfte die primäre Aufgabe haben, ihren Mitarbeiterinnen und Mitarbeitern Gehör und Respekt zu schenken, sie in ihrer persönlichen Biographie und Entwicklung ernst zu nehmen und sich für ihr Wohl einzusetzen.

Übungen für die Praxis

- *Ich meditiere meine Fähigkeiten, Glück, Freude und Liebe zu erfahren und diese Gefühle auch zum Ausdruck zu bringen. Für wen oder was kann ich mich begeistern lassen?*

- *Ich stelle mir in einer stillen Stunde meine Mitarbeiterinnen und Mitarbeiter vor und spüre meinen Gefühlen nach, aber auch der Frage, wie es ihnen wohl mit mir geht.*

- *Ich frage, wer mir in meinem beruflichen Kontext mit Wohlwollen, Respekt oder gar Zuneigung begegnet und warum. Ich nehme mit Dankbarkeit wahr, dass ich von der Menschlichkeit und Leistung anderer profitiere.*

3. Der homo patiens oder die Kraft, Leidvolles in Würde zu erdulden

Homo patiens – damit sind nicht einfach die Dulderinnen und Dulder gemeint, die Schmerzen und Ungerechtigkeiten über sich ergehen lassen und sich nicht wehren. Das lateinische Wort „patere" heißt „offen sein". Menschen, die sich nicht abschotten oder verschließen angesichts der vielen Eindrücke, Fragen und Konfrontationen, die auf sie einströmen, leben gefährlich und werden tatsächlich oft verletzt. Der homo patiens hat den Mut und die Geduld, sich dem Leid auszusetzen, aber nicht um des Leides willen, sondern um des Lebens willen. Leiden kann nicht aus dem Leben eliminiert werden und tatsächlich erfahren nur solche Menschen die ganze Tiefe des Lebens, die auch in die Schichten des Leidens vorzudringen wagen.

Viktor E. Frankl hat aufgezeigt, dass der Mensch, wenn er denn das Leid annimmt und sich ihm stellt, durchaus auch darin und gerade darin Sinnerfahrungen machen kann. Eine heimtückische Krebskrankheit bleibt ein böses Unheil und es wäre fatal, sie schönzureden. Aber ich kann meine Einstellung zu dieser Krankheit verändern und modulieren und dies entscheidet darüber, ob ich mich in dieser schwierigen Situation in die Schwermut fallen lasse oder ob ich mich als aufrechter Mensch zeige. In keiner Situation bin ich absolut ausgeliefert, niemand und nichts kann mir meine Menschenwürde nehmen. – Frankl selbst berichtet, was er in vier Konzentrationslagern erlebt hat, dass nämlich Menschen in ein und derselben Lage ganz unterschiedlich reagieren: Sie können mit Leid und Angst konfrontiert zu Bestien werden oder aber in heroischer Größe die Höchstform der Humanität zeigen.

Übungen für die Praxis

- *Ich meditiere meine Grenzen und Grenzerfahrungen. Welche habe ich verkraftet und wodurch? An welchen „kaue" ich bis heute? Ich reflektiere, wie ich mit Schmerz und Verlust umgehe.*

- *Zu meinen Grenzerfahrungen gehören auch meine Schatten: dunkle Stellen in meiner Seele, ungelebtes Leben, Schulderfahrungen und Schuldgefühle, Minderwertigkeitsgefühle und Schwermut. Sie sind möglicherweise die Negative jener meiner Lichtseiten, die ich erst würdigen und nutzen kann, wenn ich mich den Schatten offen stelle.*

- *Die Frage, wie ich persönlich mit meinen Schatten, Misserfolgen, mit Kritik und Konfrontation umgehe, ist für meine Führungskompetenz ganz entscheidend. Mitarbeiterinnen und Mitarbeiter schätzen weder die selbstsicheren Chefs, die sich siegessicher präsentieren und keine Fehler zugeben können, noch jene, die ewig gequält aussehen und unter ihrer Last stöhnen.*

Maßhalten

Die wohltemperierte Lust
am Leben wach halten.

Einstieg

Die Tugend des Maßhaltens wird im Lateinischen mit dem klangvollen Wort „temperantia“ ausgedrückt und hat demnach etwas mit der richtigen Seelentemperatur zu tun. Zu große Hitze ist ebenso ungesund wie zu strenge Kälte. Wir werden nicht glücklich, wenn wir hitzig unsere Leidenschaften befriedigen – vor allem nicht, wenn es zu Lasten anderer geht. Wir werden auch nicht glücklich, wenn wir unsere Lebenslust dem Gefrierpunkt annähern und ängstlich unsere Temperamente im Zaum halten.

Das rechte Maß beschneidet unsere Kräfte nicht, aber lenkt sie in die richtige Bahn. Es ist wie ein Bachbett, das das Wasser zusammenhält und verhindert, dass es über die Ufer tritt. Nur so kann aus dem Bach ein Fluss und aus dem Fluss ein Strom werden, der die Kraft hat, Schiffe zu tragen, und der ins Meer gelangt.

Maßhalten ist ein geistlicher Grundwert, den wir lernen und einüben können. Ein gesundes Selbstvertrauen, das auch den Mut zur Selbstkritik einschließt, hilft, die richtige Balance zwischen Disziplin und Lebensgenuss zu finden.

Das Ziel der folgenden Übungen ist es,
... die eigentlichen Sehnsüchte meiner Seele kennen und würdigen zu lernen und mir zu erlauben, was mir wirklich guttut, anstatt mich mit Ersatzbefriedigungen abzufinden;

... meine Bedürfnisse abzugleichen mit den Bedürfnissen anderer und in einem gerechten Geben und Nehmen Glück und Zufriedenheit zu finden;
... die Gleichförmigkeit meines Lebens zu unterbrechen und immer wieder meine Lebensgewohnheiten neu auszurichten – so, dass sie meinem Wachstum dienen;

... im Gebet und in der Meditation mich in die Gegenwart Gottes zu stellen und in Jesus Christus Maß zu nehmen für das eigene Leben.

Wochenimpulse

1. Ich nehme wahr, in welchen Bereichen des Konsums ich gefährdet bin: Nikotin? Alkohol? Essen und Trinken? Fernsehen? Anderes? Für einen Bereich, der mir wichtig ist, stelle ich eine Regel auf. Ich beschränke meinen Konsum auf ein bekömmliches Quantum.

2. Maßlosigkeit ist immer auch der Ausgleich eines Defizits. Ich versuche zu entdecken, wo meine Seelentemperatur unterkühlt ist: Leide ich an mangelndem Selbstvertrauen? Was kann ich im Kleinen tun, um es zu stärken? Bin ich einsam und sollte meine Kontakte und Freundschaften pflegen und vertiefen?

3. In welchen Bereichen will ich Lebensqualität und Lebenslust stärken? Welche „kulturellen Genüsse" (Literatur, Kunst, Theater, Film ...) tun mir gut? Nehme ich mir genug freie Zeit zur Erholung? Genieße ich die Natur und die Jahreszeiten? Kann ich mit Genuss essen und trinken?

4. Ich vergegenwärtige mir Szenen aus dem Evangelium, die Zeugnis geben, wie Jesus mit den Dingen der Welt umging: sein Verhalten auf Festen und bei Gastmählern, seine Beziehung zu Essen und Trinken, sein Verhältnis zur Askese und zum Fasten, seine Gesetzestreue und seine Freiheit.

Bibeltexte

Koh 3,1–8
Allem zur richtigen Zeit den Raum zu geben, der gut ist, das ist die Lebenskunst des Maßhaltens.

Mk 4,24–25
Wir werden von Gott mit dem Maß gemessen werden, mit dem wir unsere Mitmenschen messen.

Lk 5,33–39
Fasten und Askese ist nie Selbstzweck, es geht immer um die Vertiefung einer Beziehung – zu sich selbst, zu den Menschen und zu Gott.

Joh 2,1–12
Bei der Hochzeit zu Kana zeigt Jesus seine Freude am Fest und er vermehrt den Wein zur Freude der Gäste.

Schluss mit „eigentlich“

Eigentlich wollte ich heute früh ins Bett gehen. Jetzt ist es schon wieder viertel nach zwölf geworden.

Eigentlich finde ich es nicht richtig, für eine so kurze Strecke den Wagen zu nehmen. Aber meist nehme ich dann doch das Auto und fahre zum Bäcker, um Brötchen zu holen.

Eigentlich. So viele „eigentlich“ – und bestimmt fallen Ihnen noch weitere ein.

Sie zeigen einen Graben an. Sie decken einen Unterschied auf zwischen dem, was wir richtig und wichtig für uns finden, und dem, was wir wirklich tun oder wie wir uns tatsächlich verhalten.

Eigentlich. Ein Wort, das uns nicht selten über die Lippen kommt – als Trost, wie das Leben aussehen könnte, von dem wir träumen, oder wir sagen es als Entschuldigung, wo es uns nicht gelingt, unserem Leben die Gestalt zu geben, die wir anstreben.

Eine Geschichte in der Bibel – sie steht in Markus 14 – lädt uns ein zu entdecken, was wir wirklich wollen, und sie macht uns Mut, es auch in die Tat umzusetzen.

Eine Frau, so lese ich da, mag Jesus sehr gerne. Nur zu verständlich, dass sie ihm das zeigen möchte, dass sie ausdrücken möchte, was sie für ihn empfindet. Ich vermute, es hat einiges gebraucht, bis sie sich durchgerungen hat, Jesus ihre Zuwendung zu zeigen. Zunächst wird sie gedacht haben: Eigentlich gehört sich das nicht. Was werden die Leute sagen … Doch eines Tages waren alle Bedenken verflogen. Die Mauer, gebaut aus so vielen „eigentlich“, war eingestürzt.

Maria, so hieß die Frau, ging und tat, was ihr Herz ihr sagte. Sie hörte auf die innere Stimme. Sie nahm teures Öl, heute wäre das eine Bodylotion der ersten Klasse. Teuer. Sündhaft teuer. Doch für ihn und für den Ausdruck ihrer Zuneigung war das genau recht. Sie schenkte ihm mit dieser Geste nicht nur das Öl, nicht nur die wohltuende Berührung, die Jesus übrigens gerne annahm, sondern sie schenkte sich selbst, ihr Herz.

Sie tat, was in diesem Augenblick für sie stimmte, zu ihr passte. Ganz da. Ganz sie selbst. Und Jesus nahm es an.

Was hindert mich, so überlege ich, den Menschen zu zeigen, was sie mir bedeuten? Was hält mich zurück, ehrlich in mein Leben zu schauen und zu entdecken, was für mich richtig und wichtig ist?

Und was lässt mich zögern, die Aufgabe zu übernehmen, die auf mich wartet?

Nichts hindert mich zu sagen: Schluss mit „eigentlich“ oder wenigstens: weniger „eigentlich“ und mehr leben – so wie es mir entspricht, so wie es von Gott für mich gewollt ist.

Gebet

Gott meines Lebens,
du bist das Maß aller Dinge
und du gibst mir Orientierung in allem,
was ich denke, rede und tue.
Gieße deinen Geist in mein Herz ein,
dass es weise wird, maßvoll und klug.
Bewahre mich vor Gier und Habsucht.
Lenke meine Sinne
auf das Schöne und Gute im Leben
und lass mich in allem, was ich bewege,
dich suchen und finden.

Laboratorium Alltag

Rituale sind wie Leuchtfeuer auf dem weiten Meer

Wer die Kunst des Maßhaltens lernen will, braucht Maße, an die er sich halten kann – so wie der Steuermann Leuchtfeuer braucht, die ihm helfen, sein Schiff sicher in den Hafen zu bringen. Eine besondere Spielart solcher Maße sind Rituale. Sie machen unser Handeln transparent und verlässlich. Sie sind für alle, die Menschen und Einrichtungen leiten, „Leuchtfeuer" und erleichtern den Steuerungsprozess ganz wesentlich. Rituale haben eine vierfache Wirkung: Sie bauen Angst ab, sie vermitteln Heimatgefühl, sie steigern die Lebenslust und sie stärken die Identität.

Im Folgenden finden sich ein paar Gedanken, wie Frauen und Männern in Führungspositionen durch Rituale ihre Lebensqualität und Leitungskompetenz verbessern können.

1. Räume schön gestalten

Schöne Räume üben eine positive, heilende Kraft aus. Auch am Arbeitsplatz haben wir das Recht, unsere Räume so zu gestalten, dass wir uns wohl fühlen. Das verbreitet eine angenehme Atmosphäre, erhöht die Arbeitslust und gibt allen Mitarbeiterinnen und Mitarbeitern das Gefühl, dass sie auch hier in gewisser Weise zu Hause sind.

Übungen für die Praxis

- *Ich schaffe hin und wieder in meinem Büro oder Arbeitsraum gründlich Ordnung. Selbst mit wenig Aufwand kann ich bewirken, dass ich und andere sich gerne darin aufhalten.*

- *Ich wähle den Blumenschmuck, die Farben und Bilder meines Arbeitsraumes gut aus. Mein Büro soll funktional ausgestattet sein, darüber hinaus soll es etwas von Harmonie und Schönheit ausstrahlen.*

2. Kreativ mit der Zeit umgehen

Selbst für Familien und Freundeskreise ist es heute schwierig, gemeinsame Zeiten zu finden. Eine Vielzahl von Terminen und völlig disparate Zeitstrukturen machen gemeinschaftliches Leben fast unmöglich. Dies gilt auch für Arbeitsgemeinschaften und Mitarbeiterkreise. Umso wichtiger ist es, gewisse Zeitabläufe zu ritualisieren.

Übungen für die Praxis

- *Ich vereinbare sowohl mit meinen Angehörigen und Freunden als auch mit meinen Mitarbeiterinnen und Mitarbeitern zeitliche Fixpunkte für Absprachen und gemeinsame Unternehmungen.*

- *Ich werde am Anfang eines Jahres oder eines Monats Zeiten für Austausch, Aussprachen, gemeinsame Feste usw. festlegen. Diese werde ich „heilig" halten und nicht dem Druck des Pragmatischen opfern.*

3. Eine Kultur der Information entwickeln

Nichts ist gefährlicher, als wenn Mitarbeitende den Eindruck haben, nicht genügend informiert zu werden. Dies weckt in ihnen entweder den Eindruck, dass sie nicht ernstgenommen werden, oder aber, dass Heimlichkeiten bestehen. Beides stört das Betriebsklima. Informationen bedürfen des gesprochenen Wortes, weil es um Menschen geht, sie bedürfen der Schrift, um Vereinbarungen in Klarheit festzuhalten.

Übungen für die Praxis

- *Ich sorge dafür, dass schriftliche Informationen an einem geschützten und kommunikativen Ort, wo Mitarbeitende ins Gespräch kommen können (z. B. in der Cafeteria, im Personalraum) ausgehängt werden.*

- *Ich sorge dafür, dass schriftliche Informationen in ansprechender Form und verbindlicher Sprache auf offiziellem Papier und nach Möglichkeit mit der Unterschrift des Verantwortlichen veröffentlicht werden.*

- *Ich rufe regelmäßig alle Mitarbeiterinnen und Mitarbeiter zusammen, um sie ungestört und umfassend in einem Gemeinschaftsraum zu informieren.*

- *Ich präsentiere mündliche Informationen so, dass sie nicht nur Fakten, Termine und Zahlen enthalten, sondern auch Lob und Anerkennung für herausragende Leistungen von Einzelnen und von Teams sowie persönliche Mitteilungen von Mitarbeiterinnen und Mitarbeitern (Hochzeit, Umzug, Trauerfall usw.) darin Platz finden.*

4. Atmosphäre schaffen

Es ist nachgewiesen, dass Mitarbeiterinnen und Mitarbeiter weniger krank sind und besser arbeiten, wenn sie das Gefühl haben, akzeptiert zu sein und geschätzt zu werden. Sie wollen nicht in erster Linie als Funktionsträger, sondern als Menschen betrachtet werden. Zu ihrem Menschsein gehört die ganze Palette des Lebens: Freude und Trauer, Erfolg und Frust, Höhen und Tiefen, Phasen der Schaffenskraft und solche der Müdigkeit. Voraussetzung für eine gute Arbeitsgemeinschaft und für positive

Resultate ist, dass sich Mitarbeiterinnen und Mitarbeiter ernstgenommen fühlen.

Übungen für die Praxis

- *Ich achte mit großer Aufmerksamkeit auf das Befinden der Mitarbeiterinnen und Mitarbeiter. Ich scheue mich als Vorgesetzte/-r nicht, sie mitunter diskret nach ihrem Wohlergehen zu fragen.*

- *Bei längerer Krankheit erkundige ich mich telefonisch nach ihrem Befinden oder besuche sie im Krankenhaus.*

- *Nach Möglichkeit verabschiede ich sie in den Urlaub und begrüße sie bei ihrer Rückkehr.*

- *Nach Möglichkeit führe ich jährlich mit jeder und jedem von ihnen ein längeres Gespräch über ihre Arbeit und vereinbare mit ihnen Zielperspektiven für die Zukunft. Diese fasse ich schriftlich und lasse sie ihnen zukommen.*

5. Feste feiern

Feste sind Ausdruck von Freude und Wertschätzung, sie dienen der Kommunikation und der zwischenmenschlichen Atmosphäre. Als solche gehören sie auch in den Rahmen beruflicher Zusammenarbeit.

Übungen für die Praxis

- *Ich achte darauf, dass wir besondere Geburtstage, Jubiläen, Ehrungen, Jahresabschlüsse usw. gebührend feiern. Dabei lege ich weniger Wert auf einen aufwändigen Rahmen als auf die persönliche Note.*

6. Sich echt und originell präsentieren

Wir Menschen präsentieren uns, ob wir wollen oder nicht. Wir zeigen uns nach außen hin und drücken damit aus, was uns im Inneren bewegt. Auch dafür stehen Rituale. Viel wichtiger als das Outfit unserer Kleidung und die Sprache unserer Statussymbole wirken die Lauterkeit unserer Persönlichkeit und die Originalität unseres Auftretens.

Übungen für die Praxis

- *Ich bemühe mich, natürlich und diskret, aber auch selbstbewusst und sicher aufzutreten. Ich vermeide jedes Zur-Schau-Stellen von Autorität und Überlegenheit.*

- *Öffentliche Auftritte bereite ich gut vor. Dabei prüfe ich mich, ob es mir darum geht, Effekte zu erzielen und eine Fassade aufzubauen, oder darum, mit Charme, Fantasie und Humor das zu präsentieren, was gelungen ist, aber auch ehrlich aufzuzeigen, was verbessert werden muss.*

Mut

Die Angst belächeln
und über sich selbst hinauswachsen.

Einstieg

In meiner Umgebung entdecke ich sehr mutige Menschen, ich bewundere und beneide sie, denn sie haben einfach das „gewisse Etwas“. Aber genau hier liegt vermutlich der Fehler! Ich nehme Maß an anderen, ich vergleiche mich. Und mit Blick auf mich selbst entdecke ich nicht das Einzigartige, Unverwechselbare, sondern ich lege mich fest auf das, was andere können, ich aber nicht kann. Ich bremse mich, weil ich sage: Ich bin eben so: schüchtern, ängstlich, mutlos.

Ich möchte so gerne mutig sein. Ich möchte nicht „mit angezogener Handbremse“ leben. Ich möchte die Wahrheit sagen, ohne Angst zu haben, es könnten mir Nachteile entstehen. Ich möchte die Talente und Chancen, die in mir stecken, frei entfalten.

Vielleicht liegt der Wendepunkt in der Erkenntnis: Mut ist gar nicht der große Sprung, sondern der kleine erste Schritt. Mut ist nicht ein Teil meiner Veranlagung, sondern ein Teil meiner Lebenshaltung. Mut wächst, wenn ich ihn probiere. Mut wird mir gegeben, wenn ich meine Seele für das Wirken des Geistes Gottes öffne.

Das Ziel der folgenden Übungen ist es,
... sich nicht abzufinden mit den Begrenzungen, die ich mir selbst setze, mit der Angst, in der ich lebe und die mir das Leben schwer macht;

... in Solidarität und Kooperation mit anderen, vertrauenswürdigen Menschen Sicherheit zu gewinnen und uns gegenseitig zu stützen;

... zu erkennen, wo mein mutiges Auftreten und Eintreten für die Rechte anderer gefragt ist und wo ich es den Menschen schuldig bin, Stellung zu beziehen;

... das Wirken des Heiligen Geistes zu erbitten, der Zuversicht, Trost und Mut schenkt.

Wochenimpulse

1. Ich überprüfe, ob ich mich mit dem Leben, so wie es ist, abgefunden habe oder ob ich noch Wünsche nach Wachstum und Tiefe in mir spüre. Ich lasse meiner Sehnsucht „Flügel wachsen“.

2. Ich rufe mir Situationen in Erinnerung, in denen ich meinen ganzen Mut zusammengenommen habe. Was war die Motivation dafür? Was hat es mich gekostet und wie war das Ergebnis?

3. Ich schaue, wo es in meinem Leben Felder gibt, die ich nicht betrete, weil ich keinen Mut dazu habe: ein lange notwendiges Gespräch, eine Stellungnahme, die mir vielleicht Ärger einbringt, eine Sucht, die ich mir abgewöhnen sollte ... Ich stelle mir in Gedanken vor, wie der erste Schritt aussehen kann.

4. Ich wage es, die dunklen Seiten meiner Seele, die ich vor mir selbst am liebsten verberge und deren ich mich schäme, einmal auszusprechen: in einem offenen Gespräch mit einem Menschen, dem ich vertraue, oder in einem Beichtgespräch.

Bibeltexte

Num 13,1–30
Mose schickt Kundschafter in das neue Land. Einige kommen voller Angst zurück, andere machen Mut. Schließlich siegt das Vertrauen auf Gott.

Rut 2,1–23
Rut, die Ausländerin aus Moab, fasst Mut und Vertrauen in der Begegnung mit Boas, auf dessen Feld sie Ähren sammelt. So lernen sie sich kennen und lieben.

Jes 35,1–10
Die Verheißung vom kommenden Gottesreich hellt die Stimmung im Volk, das im Exil lebt, auf und gibt ihm den Mut, an eine heilvolle Zukunft zu glauben.

Psalm 27
Im Haus Gottes und in der Nähe des Herrn fühlt sich der Betende sicher und schöpft trotz aller Bedrohung neues Vertrauen.

Was für eine mutige Frau

Was ist das für eine Frau? Wie die das schafft ... Morgens um sechs klingelt der Wecker. Ab acht hilft sie bei ihrem Bruder in der Bäckerei.

Um eins steht das Essen auf dem Tisch. Und oft nicht nur für die eigene Familie. Miri wohnt mit ihrer Mutter nebenan. Wenn die noch nicht von der Arbeit zurück ist, klingelt Miri und fragt: Darf ich zu dir kommen? Meine Mama ist nicht da. Und wenn es Zeit ist zum Mittagessen und Miri ist immer noch da, dann wird ganz selbstverständlich ein Teller dazugestellt.

Früher hat ihre Mutter das Grab der Familie gepflegt, jetzt schaut sie danach. Geht für die alten Eltern auf Ämter, zur Bank, einkaufen.

Wie sie das alles schafft ...

Be-Wunderung. Da steckt wundern drin und Wunder. Also etwas, das über das Gewohnte, Normale hinausgeht. Was uns staunen lässt und fragen: Was ist das für eine Frau? Woher nur nimmt sie den Mut für ihren Weg? Woher die Kraft?

Und freundlich ist sie dabei. Sie kann andere zum Lachen bringen.

Frage ich sie, wie sie das alles schafft, dann sagt sie: Ich mache nichts Besonderes. Gott gibt mir die Kraft zu diesem Leben.

Das gab es schon einmal, dass die Menschen sich wunderten und fragten: Was ist das für ein Mann? – und sie meinten Jesus damit. Wie er Kranke gesund machte, wie er mit Außenseitern umging, wie er auf hinterhältige Fragen zu antworten wusste, wie er ohne Angst seinen Gegnern ins Gesicht sah. Und einmal – bei einer Bootsfahrt – brach plötzlich ein Unwetter los. Da trotzte er sogar den Wellen und dem Sturm. Was ist das für ein Mann?

Bewunderung für einen jungen Mann aus Galiläa, aus dem heutigen Westjordanland. Bewunderung für die Frau aus einer süddeutschen Kleinstadt. Was haben die beiden miteinander zu tun? – Ob es das ist, dass sie aus derselben Quelle schöpft wie er? In seinem Sinn redet und denkt? In seiner Kraft handelt? Mit seiner Liebe die Menschen anschaut?

Gebet

Du Gott meiner Seele,
du hast das Samenkorn des Lebens in mich gelegt
und ich glaube, dass es wächst und groß wird.
In meinem Herzen trage ich eine Ahnung,
wer ich sein kann,
wenn ich mich deiner Führung
ganz und gar anvertraue
und mutig die Schritte gehe,
die du mich Tag für Tag führst.
Lass mich nicht erschrecken
vor meiner eigenen Ohnmacht und Angst,
lass mich dem lockenden Ruf
und deiner unbeirrbaren Treue vertrauen.

Mutiges Handeln braucht eine Vorgeschichte: die Planung des Ernstfalls

Eine Krise ist wie der Ausbruch eines Brandes. Vielleicht hat er schon lange vorher geschwelt und doch kommt er überraschend. Ebenso wie das Feuer kann man die Krise nicht verhindern, aber in beiden Fällen ist zweierlei vonnöten: Wenn „es brennt", muss mutig gehandelt werden, bevor „es brennt", muss vorbereitet werden, was im Ernstfall zu tun ist. Solche Vorbereitungen sollten so konkret wie möglich sein und mit allen Beteiligten kommuniziert werden. Im Folgenden sind ein paar Regeln für den Krisenfall aufgestellt, eine Art „Feuerwehrplan" für den Ernstfall.

1. Ein mittelfristiger Personal- und Strukturplan

Für den Brandfall wird von der Feuerwehr ein genauer Plan aufgestellt, der regelt, wer was wann zu tun hat, wo die Fluchtwege verlaufen usw. Dieser Plan wird immer wieder überprüft und überarbeitet. Außerdem wird er in praktischen Übungen auf seine Tauglichkeit hin ausprobiert. Etwas Ähnliches – nämlich einen mittelfristigen Personal- und Strukturplan – braucht jedes Unternehmen und jede Einrichtung.

Übungen für die Praxis

- *Als Verantwortliche/-r erarbeite ich mit meinen Mitarbeiterinnen und Mitarbeitern für unsere Einrichtung bzw. unser Unternehmen einen mittelfristigen Personal- und Strukturplan (etwa für die nächsten sieben Jahre). Dabei gehen wir von den derzeitigen Entwicklungen und Prognosen aus und verbinden sie mit den Zielen, die wir aufgestellt haben.*

- *Wir nehmen uns im Leitungsteam hin und wieder einen Tag Zeit, um ganz ungewöhnliche Szenarien durchzuspielen.*
- *Wir stellen uns die Frage: Was wäre der personelle worst case für uns und was können wir tun, um ihn zu verhindern? Wie können wir eventuelle personelle Ausfälle überbrücken? Wer vertritt im Ernstfall wen? Gibt es für jeden Bereich wenigstens zwei, die in die Innenverhältnisse eingeweiht sind?*

2. Aktivierung der Nachbarschaftshilfe

Wenn es brennt, eilen sofort die Nachbarn herbei und bieten ihre selbstverständliche Hilfe an. Ein soziales Netz der „guten Nachbarschaft" ist auch in Betrieben, Arbeitsgemeinschaften, Schulen, Klöstern usw. unerlässlich. Es bedarf des Wissens umeinander, der gegenseitigen Solidarität, des Austausches von Informationen und Kompetenzen. Ein solches Netz trägt zum einen zur Zufriedenheit aller bei und kann zum anderen akute personelle Ausfälle auffangen.

Übungen für die Praxis

- *Eine meiner primären Aufgaben als Führungskraft ist es, zur Kooperation zu animieren und Kooperationspläne auszuarbeiten. Ich lege dabei Wert auf „gute Nachbarschaft": Kollegen, die in denselben Ressorts arbeiten, sollten umeinander wissen, sich möglichst gut verstehen und sich gegenseitig vertreten können.*
- *Ich durchleuchte hin und wieder die Arbeitsabläufe und das Ineinander-Spiel der Mitarbeiterinnen und Mitarbeiter. Ich moti-*

viere zur Eigenverantwortung und garantiere gute Information für alle.

- *Ich baue Netzwerke auf, die die Position nach innen und außen stärken. Ich schule meine Mitarbeiter/-innen, kreativ und lösungsorientiert mit Konflikten umzugehen.*

- *Ich zeige ihnen, dass auch ich selbst nicht alles kann und lernbereit bin.*

3. Der Mensch zuerst!

Die Feuerwehr hat das Grundprinzip, zuerst die Menschen zu retten. Dabei haben Kinder und Betagte Vorrang!

Mitarbeiterinnen und Mitarbeiter spüren sehr genau, um was es der Leitung eines Unternehmens oder einer Einrichtung geht. Entsprechend stark oder schwach gestalten sich ihre Identifikation und Motivation, entsprechend stark oder schwach auch die Arbeitsleistung. Das bedeutet für Führungskräfte, dass ihre Qualität in der Mitarbeiterschaft vor allem an der Verlässlichkeit gemessen wird. Damit es dabei nicht nur bei verbalen Beteuerungen bleibt, ist es wichtig, schon in guten Zeiten gemeinsame Pläne zu erarbeiten, die in Krisenzeiten tragen.

Übungen für die Praxis

- *Ich betone in unserer Einrichtung/in unserem Unternehmen, dass die Humanressourcen unsere besten Rücklagen sind. Ich sage dies nicht nur, sondern handle entsprechend. Ich achte dabei ganz besonders auf die Ältesten und die Jüngsten.*

- *Ich erarbeite zusammen mit meinen Mitarbeiterinnen für wirtschaftliche Krisenzeiten einen Plan, der ihre Bedürfnisse so weit wie möglich berücksichtigt.*

4. Werte in Sicherheit bringen!

Die Feuerwehr rät, besondere Werte – zum Beispiel das Leitsystem, die Patente, Sparbücher, Wertpapiere, wichtige Dokumente – in brandgeschützten Safes aufzubewahren. So überstehen sie einen eventuellen Brand und garantieren den Fortbestand des Unternehmens. – Dies gilt auch im übertragenen Sinn für die „inneren Werte". Es geht um die Frage, was die geistige Substanz eines Unternehmens oder einer Einrichtung ausmacht. Für Führungskräfte ist es entscheidend, um diesen Wertbestand zu wissen, ihn zu formen und zu formulieren.

Übungen für die Praxis

- *Ich überlege, was die besonderen Werte unserer Einrichtung sind. Beispiele: das Leitbild, die Firmenphilosophie, das Arbeitsklima und die Arbeitskultur, die Qualität der Produkte, das soziale Verhalten, das Mitspracherecht.*

- *Ich trage Sorge dafür, dass Grundwerte und Grundsätze immer wieder kommuniziert und mit den Mitarbeiterinnen und Mitarbeitern besprochen werden.*

- *Ich setze mir zum Ziel, mit den Mitarbeiterinnen und Mitarbeitern einen Wertekodex und ein geistiges Leitsystem zu erarbeiten.*

5. Die Feuerglocke läuten!

Wenn in einem Dorf ein Brand ausbricht, dann läutet die Feuerglocke. Dies ist mehr als ein Alarmsignal, es ist ein spirituelles Symbol, es ruft die Menschen auf, die Ressourcen ihrer Solidarität ins Gemeinwohl einzubringen, es macht deutlich, dass jetzt höchste Aufmerksamkeit gefordert ist. – Im übertragenen Sinn braucht jedes Gemeinwesen und jedes Unternehmen solch eine „Feuerglocke" – ein Signal, das Geschlossenheit und Zusammenhalt bewirkt.

Übungen für die Praxis

- *Ich überlege, welches die Wertressourcen unserer Einrichtung bzw. unseres Unternehmens sind. Gibt es so etwas wie ein geistiges und soziales „Immunsystem"?*
- *Welche positive Wirkung hatten Krisen bisher bei uns? Was haben sie verändert? Welche Botschaft enthalten sie?*

6. Pfingstfeuer darf man nicht löschen

In der Bibel wird von einem Feuer berichtet, das zwar alle verunsichert hat, aber letztlich ein Geschenk für die Menschheit wurde: die Herabkunft des Heiligen Geistes am Pfingsttag in Gestalt feuriger Zungen. – Dieser Geist wirkt nicht nur in Kirchen und heiligen Räumen, sondern auch in der Alltäglichkeit unseres Zusammenlebens und unserer Arbeitsbereiche.

Übungen für die Praxis

- *Ich lese in der Apostelgeschichte nach, was am Pfingstfest geschehen ist (Apg 2,1–13), und meditiere die Bewegung der vom Geist überraschten Frauen und Männer: Sie verlassen das bisherige Haus, sie sprechen in neuen Sprachen, sie wagen reinigende Konflikte und gehorchen dem Geist Gottes. Was bedeutet das, wenn ich es auf uns übertrage?*

Selbstvertrauen

Sich auf seine Wurzeln verlassen
und darin Halt finden.

Einstieg

Nein, es stimmt nicht, was die Menschen gelegentlich sagen: Der eine hat's, der andere hat's nicht. Das Selbstvertrauen ist uns nicht in die Wiege gelegt, es ist die Frucht schwerer Arbeit. Es ist kontraproduktiv, andere zu beneiden, die mit einer natürlich scheinenden Sicherheit auftreten, sich durchsetzen und immer die Nase vorn haben. Vielleicht steckt hinter einer imposanten Fassade ein ganz zerbrechlicher Charakter. Oder aber diese Mitmenschen haben sich ihr Selbstvertrauen mühsam erarbeitet. Aus manch zarter, zerbrechlicher Person ist eine starke Persönlichkeit geworden. Die Übung des Selbstvertrauens ist der stetige Kampf gegen die lähmenden Urteile und herabsetzenden Kräfte in der eigenen Seele. Wer sich traut, aus dem Versteck zu kommen, sich zu äußern und zu outen, zu tun, was das Gewissen gebietet, und mutig seinen eigenen Weg zu gehen, wird diesen Kampf gewinnen.

Und doch ist Selbstvertrauen nicht nur das Ergebnis der eigenen Arbeit, es ist auch die Frucht der Meditation, in der wir die uns von Gott geschenkte Kraft in uns aufnehmen und erfahren, dass wir für ihn wertvoll und bei ihm geborgen sind.

Das Ziel der folgenden Übungen ist es,
... die quälende Angst, minderwertig zu sein, nüchtern in Blick zu nehmen und ihre Ursachen kennenzulernen;

... die Einstellung zu mir selbst, zu meinen Stärken und Schwächen im Sinn der Selbstannahme und Selbststärkung zu modulieren;

... ein verlässliches Netz der Kooperation aufzubauen, in dem ich Verantwortung in Bereichen übernehme, in denen ich kompetent bin, und Verantwortung abgebe in Bereichen, in denen andere besser sind;

... mein Selbstbewusstsein weniger auf mein Ich zu bauen als auf die Grunderfahrung, von Gott und von Menschen geliebt zu sein.

Wochenimpulse

1. Ich gestehe neidlos ein, dass andere in bestimmten Bereichen besser sind als ich. Ich überprüfe, wo ich mich heraushalten sollte, um mich auf meine Kernkompetenz zu konzentrieren.

2. Ich mache immer wieder die Übung „Verwurzelt im Erdreich“. Ich stelle mir vor, ein Baum zu sein, der mit seinen Wurzeln tief in die Erde reicht, sich in seinem Stamm gerade aufrichtet und mit seinen Ästen und Zweigen in den Himmel ragt. Der im Herzen gesprochene Satz „Ich bin stark, weil ich in Gott verwurzelt bin“ lässt diese Übung zum Gebet werden.

3. Ich spüre meinen „inneren Kritiker“ auf – jene Instanz, die bei allem, was mir gelingt, das „Ja, aber“ einwendet. Ich frage diesen inneren Kritiker, woher er seine Stimme und Macht hat. Ich suche ein Ritual, ihm zu widersprechen.

4. Ich bitte Gott um ein gesundes Selbstvertrauen. Mehr noch: Ich versetze mich im Gebet in die Gegenwart Gottes und lasse den Heiligen Geist, den Geist der Stärke, in mich einströmen. Ich mache mir bewusst und bitte darum, dass mein Selbstvertrauen aus dem Gottvertrauen wächst.

Lk 1,46–55
Das Loblied Marias, die vom Engel erfährt, dass sie die Mutter des Messias sein werde, ist ein Zeugnis eines gesunden Selbstbewusstseins.

Lk 10,21–24
Jesus erfährt seine Sendung durch den Vater. Er gibt den Jüngern seine Erfahrung weiter und stärkt sie für ihren eigenen Weg.

Jdt 13,18–20
Judith hat durch ihre mutige Tat Israel vor den feindlichen Heeren gerettet. Usija, einer der führenden Männer des Volkes, führt ihren Mut auf das Vertrauen zurück, das Judith ganz auf Gott gesetzt hat.

Lk 10,17–20
In der Vollmacht, die ihnen Jesus gegeben hat, sind seine Jünger stark und können sogar den bösen Geistern gebieten.

Das kann ich nicht

Alle wollten, dass sie den Vorsitz der Frauengruppe übernimmt. Sie selbst aber traute es sich nicht zu und lehnte ab. Doris kann das viel besser, dachte sie und schlug ihre Freundin vor. Schließlich übernahm Doris das Amt und sie hat es bis heute.

Später gesteht sie mir: Weißt du, ich leide daran, dass ich mir einfach zu wenig zutraue. Zuerst denke ich immer: Das packst du nicht; oder da ist eine Stimme, die sagt: Die andere kann das viel besser. Mit der Zeit merke ich dann, dass ich es gerne gemacht und auch geschafft hätte. Doch dann ist es zu spät. Ich habe einfach zu wenig Selbstvertrauen.

Es hat ja auch etwas Sympathisches, wenn Menschen sich nicht immer für die Besten und ihre Ideen für unübertrefflich halten. Aber – wo hört Bescheidenheit auf und wo fängt mangelndes Selbstvertrauen an? Mangelndes Selbstvertrauen, das mich hindert, mir selbst etwas zuzutrauen, meine Gaben zu entfalten und für die Gemeinschaft einzusetzen. Es kann belasten, wenn eine immer wieder erlebt, es fehlt der Mut, zu sich zu stehen, es mangelt an Vertrauen in die eigenen Fähigkeiten.

Ob ich ihr einmal die Geschichte von David und Goliath erzähle? Wo der kleine im Kampf ungeübte David über den großen Goliath siegte. David vertraute auf die Gaben, die ihm gegeben waren. Der König bot ihm zwar seine Rüstung an. Doch David legte das ganze kriegerische Outfit wieder ab. Die fremde Unterstützung entsprach nicht seinem Wesen. Sie lähmte ihn mehr, als dass sie ihm nützte. So ging er, wie er war, mit der Ausstattung, die zu ihm passte.

Das macht mir Mut, zu mir zu stehen und mich zu freuen an dem, was ich kann.

Es hilft mir auch anzunehmen, dass es Seiten gibt und Gaben, die noch schwache Pflänzchen sind und noch wachsen wollen.

Verwurzelt in vertrauenswürdigem Grund kann ich stehen, auch zu mir stehen.

Verbunden mit dieser Kraftquelle, kann ich gehen, über mich hinausgehen, wachsen und meine Gaben entfalten. Ich kann vertrauen – mir selbst und meinen Fähigkeiten. Beide werden getragen von dem, der mich so geschaffen hat und mit seiner Liebe begleitet.

Ja, das will ich mir merken von David: gehen als die, die ich bin. Im Vertrauen auf die eigenen Möglichkeiten und überzeugt davon, dass auf diesem Echtsein und Zu-sich-Stehen ein Stück Segen liegt von dem, der mich so geschaffen hat und der zu mir steht, so wie ich bin. Er hat eine Vorstellung von meinem Leben und einen ganz speziellen Auftrag, der zu mir passt. Dem sollte ich mich nicht entziehen durch mein:

„Das-kann-ich-nicht" oder „Du-kannst-das-viel-besser-als-ich".

Gebet

Guter Gott, ich bin von dir gewollt und geschaffen.
Trotz mancher Fehler und Schwächen bin ich gut, weil du gut bist.
Du willst, dass ich mich aufrichtig an meinem Leben freue.
So schenke mir die Dankbarkeit,
dass ich so viele Talente und gute Eigenschaften in mir trage,
und das Vertrauen, dass ich – von dir geführt –
auch in Zukunft den rechten Weg gehe,
der zu dir hinführt.

Imagination – ein Weg zu größerem Selbstvertrauen

Wer macht mich zu dem, der ich bin? Unsere gängige Auffassung ist, dass wir eine Vielzahl von Fähigkeiten, Eigenschaften, Begabungen und Bedingungen mitbekommen und dass wir sie wie einen unabänderlichen Rucksack ein ganzes Leben lang mit uns tragen. Dafür – so glauben wir – sind unsere Gene verantwortlich und mit ihnen alles, was wir in die Wiege gelegt bekamen, außerdem unser Elternhaus, unsere Entwicklung in Kindheit und Jugend, unsere schulischen und beruflichen Bedingungen. Also ist der Raum, in dem wir uns bewegen, mehr oder weniger festgelegt und wir können nur darüber bestimmen, wie und in welchem Tempo wir uns in diesem Raum bewegen.

Dass eine solche Auffassung von Leben falsch ist und uns unnötigerweise lähmt, haben viele Persönlichkeiten der Geschichte bewiesen. Wie konnte ein Abraham Lincoln, ein Mann, der aus einer einfachen Farmerfamilie stammte und von sich behauptete, dass er kein ganzes Jahr auf die Schule ging, zu einem der genialsten Politiker werden? Wie konnte es ein Franz von Assisi zu einem der bedeutendsten Heiligen bringen? Sicher war dabei ihre vorgegebene Persönlichkeitsstruktur mit im Spiel. Auf einem religiösen Deutungshintergrund sollten wir auch das Wort „Gnade“ nicht vergessen. Und doch: Die Entwicklung solcher Menschen zeigt, dass wir alle über Potentiale verfügen, die größer sind, als wir denken. Die meisten Menschen lassen diese Potentiale in großen Teilen leider ungenutzt: Zwar stellen sie sich in Gedanken und Tagträumen manchmal vor, wie es sein könnte, aber meist verwerfen sie solche Vorstellungen sehr schnell und halten sie für Illusionen. Nur sehr wenige Menschen haben gelernt, mit ihrer Imaginationskraft zu arbeiten und damit das Feld ihrer Möglichkeiten erheblich zu vergrößern.

Das lateinische Wort „imago“, das gewöhnlich in Wörterbüchern mit „Bild“ übersetzt wird, enthält im Stamm das Wort „magis“. Das bedeutet „mehr“. Imagination ist demnach eine qualitative Mehrung des Lebens. Die Imago – übersetzen wir es mit „Vorstellung“ oder „Phantasie“ – vermag tatsächlich unsere gedanklichen Grenzen zu sprengen und unsere Realität zu weiten. Das Bild, das wir von uns selbst entwerfen, kann mehr sein als das, was wir von uns vorfinden. Bilder haben die Kraft, unsere Persönlichkeit weiterzuentwickeln. Dabei handelt es sich nicht nur um „Schönheitsreparaturen“, nein, mit den inneren Bildern bauen wir unser Selbst auf. Ich bin imstande, mein Werteverständnis zu verfeinern und mein Lebensgefühl zu modellieren. Ob ich selbstbewusst, kommunikativ, vertrauenerweckend bin und so auch auf andere wirke, ist nicht schicksalhaft und unveränderlich vorgegeben, sondern ganz wesentlich von dem Bild geprägt, das ich mir von mir selbst mache.

Bekannt ist die folgende Geschichte von Bert Brecht: „Was tun Sie“, wurde Herr K. gefragt, „wenn Sie einen Menschen lieben?“ „Ich mache einen Entwurf von ihm“, sagte Herr K., „und sorge, dass er ihm ähnlich wird.“ – Wohlverstanden, der Mensch soll dem Entwurf ähnlich werden. Da wehrt sich alles in uns und wir möchten sagen: Lass deine Entwürfe liegen und gib dem

Menschen, den du liebst, den Raum, den er braucht, um er selbst zu sein. Wenn etwas verändert werden muss, dann doch der Entwurf, den du dir von anderen machst! – Und doch: Wenn ich selbst der Mensch bin, um den es geht, dann ist eben der Entwurf, den ich mir mache, verändernd und prägend für mich. Was wäre richtiger, als ein positives, hoffnungsvolles Bild von mir zu malen, ein Bild der Bewegung und des Wachstums, eines, das mich weitet und mir die wahren Chancen aufzeigt, die mein Leben bietet.

Das Ganze hat auch eine theologische Wurzel. Wenn ich, wie der Schöpfungsbericht sagt, nach Gottes Bild und Gleichnis geschaffen bin, dann ist Gott der Entwurf meines Seins und ist mein Leben der Weg, mich immer mehr diesem genialen Entwurf zu nähern. Die Imagination des „Mehr“ ist also nicht Illusion oder Größenwahnsinn, sie ist die Konsequenz des „Wachset und mehret euch“, das Gott dem Menschen schon bei der Schöpfung ins Herz schreibt. Im Evangelium sagt Jesus: „Wenn euer Glaube auch nur so groß ist wie ein Senfkorn, dann werdet ihr zu diesem Berg sagen: Rück von hier nach dort!, und er wird wegrücken. Nichts wird euch unmöglich sein“ (Mt 17,20b). Meint er nicht mit dem Senfkorn zuerst uns selbst? Unsere Peson? Unser entwicklungsfähiges Selbst? Wenn er uns sogar die Kraft zutraut, Berge zu bewegen, um wie viel mehr wird es möglich sein, uns selbst zu bewegen?

Die Imagination des eigenen Selbst hat nichts gemein mit illusionären Wunsch- und Traumbildern. Diese bleiben im Irrealfall des „Ich möchte ...“ und „Es wäre schön, wenn ...“ Ihnen fehlt die Kraft des Aufbruchs und das Vertrauen des wirklichen Neuanfangs. Die Imagination dagegen ist dynamisch und sucht den Weg zum Bild, das sie entwirft.

Ein konkretes Beispiel mag den Unterschied verdeutlichen: Wenn ich mir ein harmonisches Miteinander wünsche, dann bleibt das Wunschbild bei der Projektion stehen. Sie phantasiert, wie es wäre, wenn die Menschen meiner Umgebung ihre Kritik an mir aufgäben und mich so, wie ich bin, anerkennten und liebten. In der Imagination dagegen denke ich sehr konkret über ein anstehendes Gespräch nach und entwickle in meiner Vorstellung neue und kreative Verhaltensweisen. Ich stelle mir zum Beispiel vor, wie es ist, wenn ich meinem Gegenüber freundlich die Hand gebe, ihn zu einem Bier einlade. Ich stelle mir vor, dass er anders reagieren kann, als ich ihm bisher zugetraut habe.

Im Folgenden finden Sie ein paar Anregungen für Imaginationen, die Ihre Grundeinstellung zu sich selbst, zu Ihren Mitmenschen und zu Ihren Aufgaben verändern und Ihnen damit die Chance ganz neuer Verhaltensweisen eröffnen können.

Übungen für die Praxis:
Die Imagination „mein Lebenshaus“

- *Ich stelle mir meine Person als ein großes und schönes Haus vor. Ein Haus, das ich gerne bewohnen möchte.*

- *Ich stelle mir vor, wie ich das Haus durch eine einladende Türe betrete. Ein großes, geräumiges Foyer macht mich neugierig auf die Räume, die sich hinter den Türen verbergen.*

- *An der ersten Türe steht „Raum meiner Temperamente“. Ich betrete ihn und entdecke Schönheit und Stil. Ich lasse mir viel Zeit, diesen Raum auf mich wirken zu lassen.*

- *Dann verlasse ich ihn und trete in den „Raum meiner Beziehungen" ein. Warmes Licht taucht eine geschmackvolle Einrichtung in leuchtende Farben. Ich gehe auf Entdeckungsreise.*

- *Schließlich betrete ich den „Raum meiner Kompetenzen". Ich sehe mich um und lasse mich überraschen.*

- *Vielleicht entdecke ich in meinem Lebenshaus noch ganz andere Räume, die mir gut gefallen oder die ich schön einrichten möchte. – Nach der Imaginationsübung halte ich meine Eindrücke schriftlich fest und überlege, wie ich sie in die Wirklichkeit meines Selbstbildes übertragen könnte.*

Übungen für die Praxis:
Die Imagination eines positiven Konfliktgesprächs

- *Vor einem Konfliktgespräch nehme ich wahr, welche Gefühle in mir sind und welche Erwartungen ich an diese Begegnung knüpfe. Dann atme ich tief und imaginiere einen positiven Verlauf des Gespräches.*

- *Ich stelle mir etwa Folgendes vor: Mit meiner Partnerin/meinem Partner treffe ich mich an einem schönen, ruhigen Ort. Der Raum ist hell und auf dem Tisch stehen Blumen. Bei der Begrüßung schauen wir uns in die Augen und geben uns ehrlich die Hand. Wir setzen uns entspannt, ich spreche die Bereitschaft aus, die anstehenden Fragen und Probleme in aller Ruhe zu klären. Mit ruhiger Stimme und mit einfachen Gesten gebe ich meinem Gegenüber zu verstehen, dass ich offen und zum Hören bereit bin. Ich gebe auch zu verstehen, dass ich entschieden bin, auszuräumen, was zwischen uns steht. Ich lege von meiner Warte aus den Sachstand dar und schildere meine Eindrücke und meine Schwierigkeiten. Dabei bleibe ich bei mir und gebe kein Urteil ab. Dann bitte ich um Stellungnahme.*

- *Ich lasse in meiner Imagination auch mein Gegenüber ruhig und angstfrei antworten und seine Eindrücke und Erfahrung darlegen.*

- *Nach einer gewissen Zeit präsentiere ich eine Lösung (eventuell auch mehrere Alternativen).*

- *Bei einem überraschenden Verlauf des Gesprächs halte ich an, gebe meinem Gegenüber und auch mir die Zeit, die notwendig ist, um die Sache zu überdenken, und nenne einen Zeitpunkt, wo ich meine oder meines Beratungsgremiums Entscheidung mitteile.*

- *Nach dem Gespräch verabschieden wir uns in gegenseitigem Respekt.*

P. S.: Es kann sein, dass das Gespräch ganz anders verläuft, aber allein die Vorstellung eines positiven Verlaufs und die Überlegung einer Lösung disponiert mich selbst anders, als wenn ich nur meinen negativen Gefühlen, meiner Angst und meiner Abwehr freien Lauf lassen würde.

Zuversicht

In der Gewissheit leben,
dass das Leben einen letzten Sinn hat.

Einstieg

Zuversicht unterscheidet sich ganz wesentlich vom Leichtsinn, denn dieser macht es sich zu leicht, weil er die Wirklichkeit nicht wahrnimmt. Zuversicht dagegen ist sehr realistisch. Sie sieht die Grenzen und die Gefahr einer Sache, aber sie sieht darüber hinaus und sie weiß, dass uns Kräfte gegeben werden, die wir jetzt noch nicht kennen. So gesehen ist Zuversicht eine Schwester des Glaubens, sie rechnet mit Gott und seinem Geist. Sie bietet alle menschliche Kraft auf, um den Aufgaben der Zukunft zu begegnen und sie zu meistern – mit Gottes Hilfe.

Nicht nur weil sie am Ende des Alphabetes steht, ist die Zuversicht die letzte der zwölf geistlichen Grundwerte, von denen in diesem Buch die Rede ist. Sie ist eben die „Tugend des offenen Ausgangs“. Offen, weil durch sie alles möglich wird. Auch wenn wir nicht wissen, was der morgige Tag bringen wird und wie es im Leben weitergeht, die Zuversicht als Geschenk Gottes lässt uns mutig die nächsten Schritte tun.

Das Ziel der folgenden Übungen ist es,
... ungelöste oder unlösbare Probleme stehen lassen und abgeben zu können und sich zu lösen aus der Überverantwortlichkeit des „Ich-muss-es-machen";

... die Solidarität, das Mitdenken, die Ressourcen und Kräfte der Partner/-innen, Familienmitglieder, Mitarbeitenden usw. zu würdigen und auf dieses Potential noch mehr zu bauen;

... in der Erinnerung an bisher Gemeistertes aktiv und hoffnungsvoll die Aufgaben anzupacken, die vor mir liegen;

... im Blick auf die von Jesus im Evangelium angesprochene Zuversicht („Sorgt nicht ängstlich") alles Menschenmögliche zu tun und den Rest in Gottes Hand zu legen.

Wochenimpulse

1. Ich übe mit dem Atem. Im Ausatmen verabschiede ich Angst, Zweifel und Hoffnungslosigkeit, im Einatmen schöpfe ich die Kraft des Lebens und der Geborgenheit.

2. Ich wähle ein Wort aus den Psalmen oder ein Gebet, das mir das Bewusstsein gibt, getragen zu sein, und wiederhole es während des Tages immer wieder.

3. Ich gehe den Ängsten und Befürchtungen, die mir den Zugang zur Gegenwart und Zukunft erschweren, auf den Grund. Ich nenne sie beim Namen (schreibe sie vielleicht auf). So verlieren sie ihre Macht.

4. Ich meditiere den Satz: Arbeite so, als würde alles von dir abhängen, und vertraue so, als würde alles von Gott abhängen.

Bibeltexte

Psalm 23
Der Beter weiß um die Schluchten, durch die er gehen muss, und um die Gefahren, die ihn bedrohen, aber er ist sich der Begleitung Gottes sicher.

Tob 4,18–21
Tobit gibt seinem Sohn Tobias den Rat, sein Leben nicht von den eigenen Plänen und vom vorhandenen Reichtum abhängig zu machen, sondern es in Gottes Hand zu legen.

1 Kön 9,1–9
Gott ermahnt den erfolgreichen König Salomon, ihm mit ungeteiltem und aufrichtigem Herzen zu dienen und treu zu sein.

Röm 8,22–30
Paulus ist sich der menschlichen Schwäche bewusst, aber mehr noch der Kraft Gottes, der „bei denen, die ihn lieben, alles zum Guten führt“ (Röm 8,28).

Gottes Hände

Gott muss aber große Hände haben, wenn er die ganze Welt in seinen Händen halten kann. – So der Kommentar einer klugen oder eher etwas altklugen 5-Jährigen bei meinem Besuch im Kindergarten. Wir hatten miteinander gesungen: Gott hält die ganze Welt in seiner Hand. Er hält die Großen und die Kleinen in seiner Hand. Er hält die Dicken und die Dünnen, die Mamas und die Papas und die Omas und die Opas ... in seiner Hand. Immer neue Verse haben wir gefunden und gesungen. Die Kinder wollten gar nicht mehr aufhören.

Ja, da muss er wirklich große Hände haben, wenn er die ganze Welt in seiner Hand halten will. Recht hat sie, die pfiffige Maike mit ihrem Kommentar.

Gottes Hände müssen in der Tat etwas ganz Besonderes sein, denke ich. Ganz groß für die Welt. Eher klein und behutsam für die Menschen und besonders zärtlich für die Kinder. Und stark müssen sie sein und fleißig, denn wir geben ihm alle Hände voll zu tun.

Haben Sie schon einmal nachgedacht, wie kreativ diese Hände sind, wenn sie alles geschaffen haben: die kleinen Ameisen und die großen Elefanten, die Pinguine am Südpol und die Schakale in der Wüste.

Heilende Kräfte stecken in ihnen. Denken wir nur an die Hände Jesu, die Kranke gesund machen und sorgen, dass Blinde wieder sehen können.

Und zuverlässige Hände sind das, die nicht jetzt festhalten und dann plötzlich loslassen. Es sind die Hände dessen, der verspricht: Ich lasse dich nicht fallen und verlasse dich nicht.

Gottes Hände sind Hände, die segnen, wie wir in jener Geschichte lesen können, in der Jesus die Kinder zu sich ruft und ihnen die Hände auf den Kopf legt und sie segnet. Damit gibt er ihnen Schutz und Kraft.

Es sind Hände, die leiten und führen, aber nicht so, dass immer alles glattgeht. Gottes Hände führen nicht einfach am Schweren vorbei und heben auch nicht über das Schmerzliche hinweg, so wie wir ein Kind über eine schmutzige Pfütze heben, damit es keine nassen Füße bekommt.

Manchmal führt ein Weg mitten hinein ins Leid. Hinunter ins finstere Tal. Aber Gott bleibt dabei. Mit Mutterhänden leitet er, so heißt es an einer Stelle der Bibel. Fürsorglich, pflegend, einfühlsam. Mich tröstet das. Denn in jenem Lied singen wir ja nicht nur: Gott hält die ganze Welt in seiner Hand. Sondern wir singen ebenso: Er hält auch dich und mich in seiner Hand. Die Angst, er könnte uns übersehen oder vor lauter Sorge um die Probleme der großen Welt Menschen wie Sie und mich und viele andere vergessen, diese Sorge ist unberechtigt. Sie und mich, uns alle hält er in seiner Hand. Ja, er muss wirklich große Hände haben. Hat er auch.

Gebet

Du Gott meiner Hoffnungen,
es gibt Zeiten,
da ich deine Gegenwart fühle
und daraus Kraft schöpfe.
Es gibt andere Zeiten,
da ich mutlos und ängstlich bin.
Hilf meinem Unglauben
und gib mir die Zuversicht eines großen Vertrauens,
in dem ich das Meinige tue,
um in Freiheit und Verantwortung
mein Leben zu gestalten,
und dir überlasse,
was meine Erkenntnis und mein Wollen übersteigt.

Zuversicht ist die Einstellung, dass ich vieles und Gott alles kann

Im Lauf meines Lebens habe ich festgestellt, dass hinter allen meinen Verhaltensweisen bestimmte Einstellungen stecken. Sie sind meist so tief in meine Seele eingewurzelt, dass ich selbst sie nur schwer durchschauen und ergründen kann. Oft kann ich sie an meinen Stimmungen, Gesten und körperlichen Symptomen leichter ablesen als an meinen verbalen Äußerungen. Meine Einstellungen motivieren mein Denken und Tun, sie stärken oder dämpfen meine Energien, sie lassen mich eine Sache freudig oder aber missmutig angehen. Ich habe erkannt, dass ich weder die Lebensumstände noch die anderen Menschen verändern kann, ja nicht einmal mich selbst. Aber ich kann die Einstellung zu ihnen verändern.

1. Meine Einstellung zu mir selbst

Ich habe lange geglaubt, ich hätte (nur) ein bestimmtes Quantum an Fähigkeiten, anderes könne ich nicht (zum Beispiel malen, organisieren, die Buchführung machen ...). Dahinter stecken Erfahrungen aus meiner Kindheit (z. B. jene, dass mein Zeichenlehrer meine Arbeiten belächelt hat). Ich habe auch festgestellt, dass aus dieser Einstellung sehr hinderliche persönliche und berufliche Einschränkungen resultieren – bei mir und bei anderen.

Inzwischen weiß ich: Mein Leben ist kein fest umgrenztes Feld von Möglichkeiten und Begabungen, es ist vielmehr ein offenes Land, das unendlich viele Chancen birgt. Ich bin der Überzeugung und die Erfahrung bestätigt mich: Meine Interessen, meine Begabungen, meine sozialen Kompetenzen und mein Wertgefüge kann ich weitgehend selbst definieren und täglich erweitern. Ich kann entscheiden, was ich können, lernen und lieben will. Eines meiner Lieblingsworte stammt von dem brasilianischen Bischof Dom Helder Camara, der sinngemäß schrieb: Ich habe viel mehr Möglichkeiten, als ich mir zutraue, ganz abgesehen von den Möglichkeiten, die Gott mit mir hat.

Die Bibel präsentiert ein Bild und ein Werturteil von mir, das alle meine Gedanken und Wünsche übertrifft. Sie sagt: Du bist ein Kind Gottes, ja du bist sogar sein Ebenbild, seinem Wesen nachgebildet und von seinem Geist inspiriert.

Die Bibel betont auch, dass das größte Hindernis in meinem Leben das Versteckspiel ist. So jedenfalls verstehe ich jene Geschichte im Paradies, da Adam und Eva sich nach dem Sündenfall mit Blättern gegen ihre Nacktheit schützen. Weil wir Angst haben, andere – vor allem Gott – könnten unsere Defizite und Fehler entdecken, sind wir bemüht, uns zu verbergen und uns besser zu präsentieren, als wir uns selbst fühlen. Bei diesen Versteckspielen geht uns viel Energie für das wirkliche Leben verloren.

Übungen für die Praxis

- *Ich versuche herauszufinden, welcher Art die Einstellungen zu mir selbst sind: Welche Grundgefühle bestimmen mich – Freude am Dasein? Ängstlichkeit? Selbstbewusstsein? Minderwertigkeitsgefühle? Ich nehme wahr, welche meiner Einstellungen dem Leben dienlich sind und welche nicht.*

- *Ich reflektiere auch die tieferen Ursachen meiner Einstellungen zu mir: das Elternhaus, gute und schlechte Erfahrungen in der Vergangenheit, charakterliche Veranlagungen …*

- *Ich gewöhne mir an, beim Tagesrückblick am Abend das zu würdigen, was gut war und gelungen ist. Ich nehme mir Zeit, mich daran zu freuen und dankbar zu sein.*

- *Wenn mir gegenüber Kritik geäußert wird, gehe ich weder in Verteidigungsstellung noch auf Konfrontationskurs. Ich nehme die Verletzungen, die sie auslöst, wahr, mehr aber noch die Arbeitsfelder, die diese Kritik auftut.*

2. Meine Einstellung zu anderen

Auch diese Erfahrung habe ich gemacht: Wenn ich mich von anderen distanziere, abgrenze und isoliere, dann steckt meist die Angst dahinter, ich könnte vor ihnen nicht bestehen oder ich müsste mit ihnen konkurrieren. Die Folge meiner Angst war entweder schüchterne Zurückhaltung bis hin zu Minderwertigkeitskomplexen oder aber forsches, ja sogar arrogantes Auftreten, das Stärke vorgab, aber Schwäche verbarg. Wie komme ich aus solchen Beziehungsmustern heraus? Es geht nur so, dass ich mir ganz ehrlich meiner Einstellung und meiner Gefühle zu anderen bewusst werde. Niemand kann und wird mich hindern, mich frei und mutig für gute und gelingende Beziehungen zu entscheiden. Niemand kann und wird mich an positiven Einstellungen und Gefühlen den anderen Menschen gegenüber hindern.

Wenn ich negative Gefühle wie Neid, Rivalität und Eifersucht in aller Ehrlichkeit wahrnehme und mir eingestehe, komme ich besser mit ihnen zurecht. Ich kann sie zwar nicht aus meiner Seele ausfiltern, ich kann mich aber dafür entscheiden, ihnen keine Macht zu geben. Dann werden sie mich eher in Ruhe lassen.

Das Gefühl: Ich bin einsam und ich komme aus dieser Isolation nicht heraus, ist eigentlich eine Einstellung zu mir selbst, aber es hat natürlich Konsequenzen für mein Sozialverhalten. Es kann geradezu verheerende Folgen haben und sogar zu Suchtverhalten führen. Alkohol- und Drogenmissbrauch ist häufig die Folge von Vereinsamung. Das Problem ist nicht die Sucht an sich, auch die Beziehungsarmut ist nicht das Grundproblem, sondern die Einstellung zu sich selbst und zu den Menschen.

Ich will dies mit der Geschichte einer 45-jährigen Frau illustrieren. Sie war mehrmals von Freundinnen und Freunden enttäuscht worden. Sie schloss daraus, es könne ja nur an ihr liegen, und sie schwor sich, nie mehr nähere Kontakte aufzunehmen, um ja nicht wieder enttäuscht zu werden. Nach einem psychischen Zusammenbruch geriet sie an einen guten Seelsorger, der mit ihr an ihren Einstellungen arbeitete. Sie erinnerte sich daran, dass sie als Kind und Jugendliche sehr gute freundschaftliche Beziehungen pflegte. Im Lauf der Therapie konnte sie eine neue Einstellung formulieren: Ich habe Sehnsucht nach gelingenden Beziehungen. Ich traue mir zu, mit anderen zu kommunizieren, auf sie einzugehen, ihnen meine Aufmerksamkeit und Liebe zu schenken, und ich will es. Diese Einstellung war erst der Anfang, sie umzusetzen war anstrengend, aber mit Hilfe ihres Seelsorgers gelang es der Frau, Schritt für Schritt neue und gute Beziehungen einzugehen.

Übungen für die Praxis

- *Ich achte bei Begegnungen mit Menschen weniger auf deren Verhaltensweisen und Äußerungen, sondern auf meine Gefühle und Einstellungen. Ich prüfe, woher sie kommen und ob ich sie verändern will und kann.*

- *Ich spüre in meinem Inneren nach, welchen Menschen gegenüber ich Nähe spüre. Welche Form der Beziehung wünsche ich mir? Kann ich dies aussprechen?*

- *Ich spüre in meinem Inneren nach, welchen Menschen gegenüber ich Distanz empfinde. Ich prüfe, was hinter diesem Gefühl steckt und ob ich es durch Gespräche und konkrete Erfahrungen verändern kann.*

- *Ich prüfe, ob und wo ich in belasteten Beziehungen lebe. Was kann ich tun, um ein Netz des Vertrauens und der Versöhnung zu knüpfen?*

3. Meine Einstellung zum Leben

Ein gutes und entschiedenes Leben wird oft dadurch behindert, dass wir sozusagen selbst die Handbremse anziehen und unsere elementaren Lebenswünsche drosseln. Wir erlauben uns teilweise einfach nicht, größer sein zu dürfen, als wir tatsächlich (noch) sind. Die Ursachen dieser „Bremsen“ können vielfältig sein, nicht zuletzt eine eingrenzende, domestizierende Erziehung, die letztlich auf das mangelnde (Selbst-)Vertrauen unserer Pädagogen zurückgeht. Unsere Absicht muss es sein, Grundeinstellungen dahingehend zu korrigieren, dass sie auf Lebenswachstum ausgerichtet sind.

Viele Menschen entdecken erst in ihrem Alter oder nach einer schweren Krankheit die Kostbarkeit des eigenen Lebens. Dann hört man sie sagen: Ich genieße jeden Tag, der mir geschenkt ist, und ich merke erst jetzt, wie schön es ist, leben zu dürfen, keine Schmerzen zu haben, die Sonne zu genießen ... Warum sehen wir dies nicht schon in unseren jungen und gesunden Jahren so? Warum sehen wir das Leben oft als ein „Schlachtfeld", auf das wir hinausgeschickt werden, um zu kämpfen. Tatsächlich rütteln die täglichen Sorgen um Arbeit, Familie, wirtschaftliche Grundlagen usw. mächtig an uns. Aber dabei übersehen wir oft das Wunder des Lebens und vergessen, dies zu genießen. Mit einer positiven Einstellung zum Leben bleibt uns die körperliche und seelische Gesundheit länger erhalten. Außerdem können wir so die schwierigen Probleme selbstbewusst anpacken und haben Freude am Dasein. Nicht zuletzt die gläubige Deutung des Lebens hilft uns, die positive Einstellung zu ihm zu stärken und die negative abzubauen. In biblischer Sicht ist Leben zugleich Geschenk und Aufgabe. Unter Milliarden von Möglichkeiten hat Gott ausgerechnet mich geschaffen und zu einem Leben mit ihm berufen, das nicht einmal durch den Tod begrenzt ist. Wenn ich daran glaube, kann es eigentlich keine negativen Einstellungen zum Leben geben.

Übungen für die Praxis

- *Ich stelle mir mein Leben als eine große friedliche Oase vor, in der ich mich wohlfühle und das Dasein genieße. – Welche konkreten Erfahrungen sprechen für diese Sicht? Oder: Ich stelle mir mein Leben als einen Kampfplatz vor, auf dem ich mich mit viel Anstrengung durchsetzen muss? – Welche konkreten Erfahrungen sprechen für diese Sicht?*

- *Ich gebe meinen Lebenswünschen Raum, sich zu äußern und zu entfalten – auch jenen, die noch tief unten in meiner Seele schlummern.*
- *Ich rufe mir jene Kräfte und Energien in Erinnerung, die mir in der Vergangenheit geholfen haben, mein Leben zu bewältigen und zu gestalten. Kann ich sie reaktivieren?*
- *Ich spüre meine Lust und Motivation auf ein beziehungsreiches, gesundes und gotterfülltes Leben.*

Das Schönste an der Wüste sind die Oasen

Zur Gestaltung eines Auszeittages für Führungskräfte

Sie erinnern sich noch an die Geschichte vom Alten und vom Jungen? Der Junge nahm sich in der Erfahrung des Burn-out eine ganze Woche Zeit, um Kraft zu schöpfen. Er hatte das Glück, den Alten zu finden und von ihm zu einem neuen Lebens- und Arbeitsstil inspiriert zu werden.

Sie sehnen sich vielleicht nach dem nächsten Urlaub, um wieder Kraft zu tanken. Urlaube sind gut und doch garantieren sie nicht, dass wir uns kreativ erholen. Ein Weg ist, mitten in Ihrem Arbeitsprozess schöpferische Pausen einzulegen. Dazu will Sie dieses Buch anregen.

Ein anderer (ergänzender) Vorschlag ist, hin und wieder einen „Auszeittag" einzulegen. Spirituelle Lehrerinnen und Lehrer nennen solche Tage auch „Wüstentage" oder „Oasentage". Der Mangel in der Wüste, das Nichtvorhandensein von Häusern und Hotels, Zivilisation und Kultur macht mir zunächst Angst. Aber nach einer Zeit der Angewöhnung führt er mich dazu, mich mit dem zu beschäftigen, was ich vorfinde – und das bin vor allem ich selbst. Die Wüste zwingt mich, alle „Zutaten" wegzulassen und zum Wesentlichen zu kommen, meine tiefen Wünsche und Kräfte zu spüren und die Erfahrung der Anwesenheit Gottes zuzulassen.

Ich werde Ihnen im Folgenden von meinen Erfahrungen erzählen und für Sie einen Vorschlag zur Gestaltung eines solchen Auszeittages machen.

1. *Drei Gründe, warum ich hin und wieder einen Auszeittag einlege*

- Ich brauche zweckfreie Zeiten, in denen ich auf das tägliche Machen und Erleben verzichte und den inneren Stimmen – meinen eigenen und denen Gottes – Gehör schenke.
- Ein Auszeittag lässt mich meinen inneren Reichtum erfahren, aber auch meine Abhängigkeit von den vielen Dingen, Geschäften und Eindrücken des Alltags.
- Ein Auszeittag führt mich in die Kargheit, damit ich unmittelbar Gott begegnen kann.

2. *Der äußere Rahmen*

- Ich mache mir zuvor einen Zeitplan, damit ich während des Tages frei bin von der Frage: Was jetzt? Wie geht es weiter?
- Ich verbringe den Auszeittag abseits von meiner gewohnten Umgebung – also in Gottes freier Natur oder in einem Kloster, in einem Exerzitienhaus, in einer Ferienwohnung – eben dort, wo ich ganz allein bin.
- Ich sorge schon am Morgen für den äußeren Rahmen meines Auszeittages. Ich bereite mir Brot, Obst und Getränke oder sonst eine einfache Mahlzeit vor, so dass ich keine Arbeit habe mit Essenszubereitung. Oder ich entscheide mich zu fasten und nehme nur Getränke mit. Ich sorge dafür, dass ich nicht gestört werde (Telefon und Handy abstellen, Angehörige informieren usw.).

3. Mein Zeitplan

Ich teile mir die Zeit im Stundentakt ein und halte mich daran. Ein Rhythmus bei acht Stunden Zeit sieht dann etwa so aus:

Erste Stunde

Innere und äußere Vorbereitung: Raum, Zeit, Wege, Essen und Trinken – Frage, was ich suche an diesem Tag; Auswahl eines Bibeltextes; Aufschreiben einiger Besinnungsfragen; Notizen, mit welchen Einstellungen ich diesen Tag gestalten will.

Zweite Stunde

Ich gehe einen Weg. Ich genieße das Gehen und die Bewegung und meditiere diese Erfahrung.

Dritte Stunde

Ich lese und meditiere den biblischen Text (oder einen anderen Text, der mir heute wichtig ist).

Vierte Stunde

Ich erhole mich – einfaches Ausruhen oder kreatives Gestalten mit Stift und Papier oder Arbeiten mit Ton oder Schnitzen eines Stockes für den Weg oder …

Fünfte Stunde

Ich lese und meditiere die Fragen, die ich mir am Morgen gestellt habe. Ich mache dies nicht in der Logik der verstandesmäßigen Analyse und auch nicht mit der Absicht einer Lösung, sondern indem ich betend in die tieferen Schichten meines Seins, meiner Sehnsüchte, meiner Verletzungen und Hoffnungen eindringe. „Betend“ bedeutet: im Blick und in der Führung Jesu.

Sechste Stunde
Ich halte die Stille aus. Dies kann in einer Kapelle vor dem Tabernakel oder in stiller Meditation oder im Jesus-Gebet oder auf eine andere Art geschehen.

Siebte Stunde
Ich gehe den Weg zurück und schenke der Wahrnehmung der Schöpfung besondere Beachtung.

Achte Stunde
Ich halte meine Erfahrungen schriftlich fest und schließe mit einem Dankgebet oder einem Abschlussritual.

4. *Ein Dutzend Besinnungsfragen für einen Auszeittag*

Nicht die Menge der Fragen ist entscheidend, sondern die richtige Auswahl. Hier sind solche Fragen aufgelistet, die auf einem spirituellen Weg immer wieder aufkommen.

1. An welchem Punkt in meinem Leben bin ich gerade? Wie fühle ich mich? Was bestimmt mein Denken und Tun? Welche Kräfte haben die Oberhand? Was kommt zu kurz?

2. Was freut mich an meinem Leben? Wo bin ich weitergekommen? Welche Begegnungen tun mir gut?

3. Habe ich eine Lebensvision? Vorstellungen, wie mein Leben in der nahen Zukunft verlaufen soll?

4. Wie stehe ich zu meinen Mitmenschen? Gibt es Fragen und Probleme, die anstehen? Ungelöste Konfliktfelder?

5. Wie erlebe ich mich in meinem gesellschaftlichen und beruflichen Umfeld? Gibt es Verhältnisse, die ich ändern möchte?

6. Kenne ich meine Stärken und Schwächen? Was sagen andere über mich? Welche Licht- und welche Schattenseiten kenne ich an mir?

7. Was kämpft in meinem Inneren? Birgt der Kampf Segen oder ist es ein Drehen im Kreis?

8. Was möchte und kann ich in meinem Leben verändern? Was soll so bleiben, wie es ist?

9. Wie ist mein Gottesbild? Empfinde ich mich als Freund oder als Knecht Jesu? Erfahre ich mich geborgen? Womit hadere ich?

10. Bete ich gerne? Welches ist mein Stil im Gebet? Wo spüre ich, von Gott berührt zu werden? Welche Formen der Frömmigkeit liegen mir?

11. Gibt es biblische Texte, die mich besonders ansprechen? Aus welchem Schatz der Schrift zehre ich vornehmlich?

12. Wie ist derzeit meine religiöse Praxis (Gottesdienstbesuch, Sakramentenempfang, christliches Verhalten im Alltag …)?

5. Mit allen Sinnen die Schöpfung erleben

Eine wichtige Erfahrung an einem Auszeittag ist die Natur. Sie hat eine läuternde, aufheiternde, beruhigende Wirkung. Sie macht uns bewusst, dass wir eingebettet sind in das große wunderbare Gotteswerk: die Schöpfung. Bei aller Einmaligkeit unserer Person sind wir auch Teil des Ganzen. Diese Erfahrung bewahrt uns vor Egozentrik und Größenwahn, aber auch vor Angst und Isolation. Die Geschöpfe sind stille, tröstende und korrigierende Wegbegleiter. – Mir persönlich helfen die folgenden sieben Punkte, die Natur intensiv zu erleben.

1. Ich verlasse das Haus, die Stadt/das Dorf und die befestigte Straße. Ich tauche ein in die Natur und lasse mich von ihr umfluten. Ich nehme wahr: die Farben und Reflexe des Sonnenlichtes, die Düfte und Gerüche, die Töne und Geräusche, die Bewegung des Weges, den meine Füße abschreiten …

2. Von Zeit zu Zeit bleibe ich stehen und blicke mich um. Ich schaue auf die letzte Wegstrecke zurück, ich taste, rieche, schmecke …

3. Ich gehe eine Zeit lang ganz langsam und genieße jeden Schritt. Ich beobachte, wie ich den Fuß aufsetze und wieder anhebe und wie sich die Fußsohlen von der Ferse zu den Zehen hin abrollen. Ich werde eins mit dem Weg.

4. Ich gehe schneller und spüre meinen erhöhten Pulsschlag. Ich nehme die Anstrengung bewusst an. Ich achte darauf, dass die Natur meine Kräfte herausfordert.

5. Ich atme tief aus und ein und spüre ein Geben und Nehmen zwischen meiner Umwelt und mir.

6. Ich achte auf die Schönheit in Form und Farbe, Bewegung und Wachstum. Ich sehe auch den Überlebenskampf der Natur, die Krankheit und das Absterben.

7. Ich lasse mein Gehen und Stehen, mein Staunen und Stillsein zu einem Gebet der Dankbarkeit werden.

6. Oasen sind die Pausen der Wüste

In der Wüste finden sich Oasen. Das sind Inseln des Lebens. Regen und Wasserquellen verwandeln das dürre Land in fruchtbare Gärten. Die Oase lädt ein zum Ausruhen, Kosten, Genießen, Sich-fallen-Lassen.

An meinem „Auszeittag“ suche ich hin und wieder einen Platz, wo ich es mir gut gehen lassen kann. Ich esse und trinke, strecke mich aus und genieße. Ich überlege, wo in meinem Alltagsleben die „Oasen“ liegen, was mein Leben schön macht, ihm Schwung gibt. Ich danke Gott dafür.